FRANKENBERG / SPITZ · STADTKLIMA UND LUFTHYGIENE

Mannheimer Geographische Arbeiten

Herausgegeben von

Ingrid DÖRRER, Peter FRANKENBERG, Wolf GAEBE, Gudrun HÖHL und Christoph JENTSCH

Schriftleitung: Rainer J. BENDER

Heft 32

1991

Im Selbstverlag des Geographischen Instituts der Universität Mannheim

M. Spitz

Stadtklimatologische Untersuchungen in Mannheim

P. Frankenberg / J. Brennecke

Untersuchungen zur Lufthygiene im Stadtgebiet von Mannheim während des Jahres 1988

Mannheim 1991

Frankenberg, P./Spitz, M.:
Zu Stadtklima und Lufthygiene in Mannheim.
Mannheimer Geographische Arbeiten Heft 32, 1991.
ISBN 3-923750-31-5

Umschlaggestaltung: Marianne Mitlehner
Satz: Thomas Ott
Kartographie: Marianne Mitlehner, Manfred Spitz
Herstellung nach Satz: pep pocket edition printing, 6100 Darmstadt

© Geographisches Institut der Universität Mannheim

Bestellungen an:
MANNHEIMER GEOGRAPHISCHE ARBEITEN
Geographisches Institut der Universität Mannheim
Schloß, Postfach 103462
6800 Mannheim 1

VORWORT

Die Studien zu Stadtklima und Lufthygiene in Mannheim wurde von September 1988 bis Februar 1990 durch die Gesellschaft der Freunde der Universität Mannheim e.V. gefördert. Ziel war nicht etwa ein "stadtklimatisches Gutachten". Dazu war auch das errichtete Meßnetz zu weitmaschig. Ziel war vielmehr eine klimatische Analyse des thermischen Stadteffektes ausgewählter Baukörperstrukturen in Abhängigkeit von den Wetterlagen beziehungsweise die Analyse der Wetterlagenabhängigkeit der Belastung der Luft mit Luftschadstoffen. Für beide Ziele kann die Stadt Mannheim als idealtypisch gelten. In der Abschirmung des Oberrheingrabens prägt sich der thermische Stadtklimaeffekt besonders durch. Schließlich gehört Mannheim zu den wärmsten Orten im Bundesgebiet. Zudem ist Mannheim ein ausgesprochener Ballungsraum von Verkehr, Siedlungen und Industrie. Von daher ist die Luftbelastung mit Schadstoffen a priori als relativ hoch einzustufen, wenngleich die Emissionen von seiten der Industriebetriebe ständig reduziert werden. Die Zunahme des Verkehrsaufkommens kehrt diesen positiven Trend jedoch um.

Für die finanzielle Förderung danke ich der "Gesellschaft der Freunde der Universität Mannheim e.V." sowie der Firma "Heidelberger Zement". Für die Überlassung von Daten ist der Landesanstalt für Umweltschutz Baden-Württemberg, der BASF sowie der Wetterwarte Mannheim zu danken. Für die Bereitschaft der Aufnahme von Wetterhütten danke ich der Stadtgärtnerei, dem Dahlbergaus, der Verwaltung der Eisenbahn-Siedlungsgesellschaft Stuttgart sowie den Familien Michel und Pinz.

Herr Spitz hat das Stadtklimaprojekt hervorragend betreut. In den Damen Anslinger und Schneickert sowie den Herren Roesner, Werner, Michel, Mahler und Doll fand er gute Helfer. Frau Mitlehner fertigte einen Teil der Zeichnungen an. Herrn Ott sei für das Layout gedankt.

Mannheim, den 11. August 1991   P. Frankenberg

INHALTSVERZEICHNIS

	Seite
Vorwort	V
Verzeichnis der Abbildungen	VIII
Verzeichnis der Tabellen	XI

A MANFRED SPITZ
STADTKLIMATOLOGISCHE UNTERSUCHUNGEN IN MANNHEIM 1

1.	**Allgemeine Grundlagen der Arbeit**	1
1.1.	Ziel und Gang der Untersuchungen	1
1.2.	Lage und naturräumliche Einordnung des Untersuchungsgebietes	1
2.	**Witterungsklimatologische Untersuchungen**	3
2.1.	Darstellung der Arbeitsmethode	3
2.2.	Ermittlung der Wetterlagentypen	4
2.3.	Kurzbeschreibung und Charakteristika der Großwetterlagen nach HESS/BREZOWSKY	4
2.4.	Beschreibung der Meßstandorte	9
	2.4.1. Wetterwarte Mannheim, Vogelstang	9
	2.4.2. Geographisches Institut	9
	2.4.3. Dahlberghaus	9
	2.4.4. Stadtgärtnerei	9
	2.4.5. Waldhof-Ost	10
	2.4.6. Gartenstadt	10
	2.4.7. Industriegebiet Neckarstadt	10
	2.4.8. Almenhof	10
2.5.	Die Wirksamkeit von Großwetterlagen auf die klimatischen Verhältnisse im Untersuchungsgebiet von September 1988 bis Februar 1990	12
	2.5.1. Vergleich der gewonnenen Ergebnisse mit den langjährigen Mittelwerten	12
	2.5.2. Herbst 1988	17
	2.5.3. Winter 1988/89	24
	2.5.4. Frühling 1989	30
	2.5.5. Sommer 1989	36
	2.5.6. Herbst 1989	44
	2.5.7. Winter 1989/90	50
	2.5.8. Zusammenfassung der Ergebnisse	56

3.	Kleinräumige Messungen im Stadtgebiet bei einer sommerlichen und herbstlichen Hochdruckwetterlage	58
3.1.	Beschreibung der ausgewählten Standorte	58
3.2.	Tagesmeßgang am 9. September 1988	58
3.3.	Tagesmeßgang am 5. November 1988	62
4.	Thermische Eigenschaften spezifischer Oberflächen in der Mannheimer Innenstadt	66
4.1.	Beschreibung des Meßvorganges und ausgewählte Objekte	66
4.2.	Tagesmeßgang am 10. August 1989	69
4.3.	Meßgang am 24./25. August 1989	71
5.	Zusammenfassung	76
6.	Summary	77

B PETER FRANKENBERG / JULIA BRENNECKE UNTERSUCHUNGEN ZUR LUFTHYGIENE IM STADTGEBIET MANNHEIM WÄHREND DES JAHRES 1988   80

1.	Einleitung und Zielsetzung	80
2.	Datengrundlage	80
3.	Die mittlere Immissionssituation in Mannheim im Jahr 1988	81
4.	Jahresgänge von Schadstoffkonzentrationen im Mannheimer Stadtgebiet	82
5.	Ausgewählte Tagesgänge der Immissionen	92
6.	Periodizitäten der Schadstoffkonzentration	104
7.	Die Wetterlagenabhängigkeit der Schadstoffkonzentrationen	109
8.	Zusammenfassung	112
9.	Summary	113

C LITERATURVERZEICHNIS   115

VERZEICHNIS DER ABBILDUNGEN

Seite

Abb. 1: Lageplan der Wetterhüttenstandorte   11

Abb. 2: Lufttemperaturmittel (Wetterwarte Mannheim) während des Untersuchungszeitraumes im Vergleich zum Mittel 1951-1980   14

Abb. 3: Abweichung des Lufttemperaturmittels (Wetterwarte Mannheim) vom Mittel 1951-1980   14

Abb. 4: Monatlicher Niederschlag an der Wetterwarte Mannheim während des Untersuchungszeitraumes im Vergleich zum Mittel 1951-1980   15

Abb. 5: Monatlicher Niederschlag (Wetterwarte Mannheim) während des Untersuchungszeitraumes in Prozent bezogen auf das Mittel 1951-1980   16

Abb. 6: Monatliche Sonnenscheindauer während des Untersuchungszeitraumes im Vergleich zum 30jährigen Mittel (1951-1980)   16

Abb. 7: Monatliche Sonnenscheindauer (Wetterwarte Mannheim) in Prozent vom Mittel 1951-1980   17

Abb. 8: Häufigkeit der Großwetterlagen im Herbst 1988   18

Abb. 9: Tagesgang der Temperatur am 22. November 1988   19

Abb. 10: Häufigkeit von Sommertagen bei den Großwetterlagen im Herbst 1988   20

Abb. 11: Häufigkeit von Frosttagen und Eistagen bei den Großwetterlagen im Herbst 1988   20

Abb. 12: Prozentuale Häufigkeit der Windrichtungen im Herbst 1988   23

Abb. 13: Häufigkeit der Großwetterlagen im Winter 1988/89   25

Abb. 14: Häufigkeit von Frosttagen und Eistagen bei den Großwetterlagen im Winter 1988/89   27

Abb. 15: Prozentuale Häufigkeit der Windrichtungen im Winter 1988/89   29

Abb. 16: Häufigkeit der Großwetterlagen im Frühling 1989   30

Abb. 17: Häufigkeit von Frosttagen während der Großwetterlagen im Frühling 1989   31

Abb. 18: Häufigkeit von Sommertagen während der Großwetterlagen im Frühling 1989   32

Abb. 19: Prozentuale Häufigkeit der Windrichtungen im Frühling 1989   35

Abb. 20: Häufigkeit der Großwetterlagen im Sommer 1989   37

Abb. 21: Tagesgang der Temperatur am 16. August 1989 — 38

Abb. 22: Häufigkeit von Sommertagen und heißen Tagen während der Großwetterlagen im Sommer 1989 (-1-) — 38

Abb. 23: Häufigkeit von Sommertagen und heißen Tagen während der Großwetterlagen im Sommer 1989 (-2-) — 39

Abb. 24: Prozentuale Häufigkeit der Maximum- und Minimumdifferenzen zwischen den Stationen Dahlberghaus - Gartenstadt und Waldhof - Gartenstadt für den Zeitraum 1.Juni 1989 bis 31.August 1989 — 41

Abb. 25: Prozentuale Häufigkeit der Maximum- und Minimumdifferenzen Dahlberghaus - Gartenstadt (1.06.89-31.08.89) bei zyklonalen und antizyklonalen Großwetterlagen — 42

Abb. 26: Prozentuale Häufigkeit der Windrichtungen im Sommer 1989 — 43

Abb. 27: Häufigkeit der Großwetterlagen im Herbst 1989 — 45

Abb. 28: Prozentuale Häufigkeit der Maximum- und Minimumdifferenzen zwischen den Stationen Dahlberghaus - Gartenstadt und Almenhof - Gartenstadt im November 1989 — 46

Abb. 29: Häufigkeit von Sommertagen während der Großwetterlagen im Herbst 1989 — 47

Abb. 30: Häufigkeit von Frosttagen und Eistagen während der Großwetterlagen im Herbst 1989 — 48

Abb. 31: Häufigkeit der Großwetterlagen im Winter 1989/90 — 50

Abb. 32: Häufigkeit von Frosttagen und Eistagen während der Großwetterlagen im Winter 1989/90 (-1)- — 52

Abb. 33: Häufigkeit von Frosttagen und Eistagen während der Großwetterlagen im Winter 1989/90 (-2-) — 53

Abb. 34: Prozentuale Häufigkeit der Maximum- und Minimumdifferenzen Dahlberghaus - Gartenstadt für den Zeitraum vom 1.12.1989 bis 28.02.1990 — 55

Abb. 35: Tagesgang der Lufttemperatur am 9. September 1988 — 59

Abb. 36: Tagesgang der Relativen Luftfeuchtigkeit am 9. September 1988 — 60

Abb. 37: Temperaturdifferenz M6/M7 - Lauergärten am 9. September 1988 — 61

Abb. 38: Temperaturdifferenz Paradeplatz - Rheinpromenade am 9. September 1988 — 62

Abb. 39: Tagesgang der Lufttemperatur am 5. November 1988 — 62

Abb. 40: Tagesgang der Relativen Luftfeuchtigkeit am 5. November 1988 — 63

Abb. 41: Temperaturdifferenz M6/M7 - Lauergärten am 5. November 1988 — 64

Abb. 42:	Temperaturdifferenz Paradeplatz - Rheinpromenade am 5. November 1988	64
Abb. 43:	Lageskizze der Beobachtungsobjekte beim 24-Stunden-Meßgang am 24./25. August 1989	67
Abb. 44:	Luft- und Oberflächentemperaturen Lauergärten am 10. August 1989	68
Abb. 45:	Luft- und Oberflächentemperaturen M6/M7 am 10. August 1989	69
Abb. 46:	Oberflächentemperaturen am 24.-25. August 1989 in der Mannheimer Innenstadt	71
Abb. 47:	Oberflächentemperaturen an einer unterschiedlich exponierten, grauen Hauswand (24.-25. August 1989)	72
Abb. 48:	Tagesmittel der Lufttemperatur, Oberflächen-Strahlungstemperaturen, Besonnungsstunden und Tagesschwankungen beim Meßgang am 24./25. August 1989	75
Abb. 49:	Lage der Immissions-Meßstation im Stadtgebiet von Mannheim	78
Abb. 50:	Mittlere monatliche und maximale Immissionsbelastung des Jahres 1988 im Stadtgebiet von Mannheim, sowie ihre Standardabweichung (SD): SO2, NO2	84
Abb. 51:	Mittlere monatliche und maximale Immissionsbelastung des Jahres 1988 im Stadtgebiet von Mannheim, sowie ihre Standardabweichung (SD): NO, CO	86
Abb. 52:	Mittlere monatliche und maximale Immissionsbelastung des Jahres 1988 im Stadtgebiet von Mannheim, sowie ihre Standardabweichung (SD): O3, Staub	88
Abb. 53:	Mittlere monatliche Tagesmittelwerte der Immissionen im Stadtgebiet von Mannheim, differenziert nach MA-Nord, MA-Mitte und MA-Süd im Jahre 1988: SO2, CO, NO	90
Abb. 54:	Mittlere monatliche Tagesmittelwerte der Immissionen im Stadtgebiet von Mannheim, differenziert nach MA-Nord, MA-Mitte und MA-Süd im Jahre 1988: NO2, O3, Staub	91
Abb. 55:	Immissionstagesgänge im Stadtgebiet von Mannheim (1)	94
Abb. 56:	Immissionstagesgänge im Stadtgebiet von Mannheim (2)	96
Abb. 57:	Immissionstagesgänge im Stadtgebiet von Mannheim (3)	98
Abb. 58:	Immissionstagesgänge im Stadtgebiet von Mannheim (4)	100
Abb. 59:	Witterungsverhältnisse an den ausgewählten Tagen der Immissionsmeßgänge im Mannheimer Stadtgebiet	102
Abb. 60:	Varianzspektrumanalyse der mittleren täglichen Immissionswerte im Stadtgebiet von Mannheim für alle Tage des Jahres 1988 (1)	105

Abb. 61: Varianzspektrumanalyse der mittleren täglichen Immissionswerte
im Stadtgebiet von Mannheim für alle Tage des Jahres 1988 (2) 106

Abb. 62: Autokorrelation der Zeitreihe der Schadstoffimmissionen als
Ausdruck ihrer Persistenz 108

VERZEICHNIS DER TABELLEN

Seite

Tab. 1: Auftrittshäufigkeit der Wetterlagen während des Untersuchungszeitraumes September 1988 - Februar 1990 13

Tab. 2: Häufigkeit von Tagen mit Maximumtemperaturen über 10, 15 und 20 Grad im Winter 1989/90. 51

Tab. 3: Strahlungstemperaturen verschiedenartiger Oberflächen am 10. August 1989 in den Mannheimer Quadraten 70

Tab. 4: Strahlungstemperaturen verschiedenartiger Oberflächen am 24./25. August 1989 in den Mannheimer Quadraten 73

Tab. 5: Herkunft der in Mannheim für den Zeitraum 1984/85 registrierten Luftschadstoffe im Vergleich zum Mittel des Bundesgebietes 80

Tab. 6: Mittlere Luftbelastung in Mannheim im Jahr 1988 im Vergleich mit den MIK-Werten, den Werten nach der TA-Luft sowie den Reinluftwerten der Station Schauinsland 81

Tab. 7: Mittlere wetterlagenabhängige Schadstoffkonzentration (Tagesmittel pro Wetterlagentag in mg/qbm Luft) in Mannheim 1988 110

Tab. 8: Schadstoffkonzentration in Abhängigkeit von der großräumigen Zirkulationsstruktur (Tagesmittel in mg/qbm Luft) in Mannheim 1988 111

Tab. 9: Mittlere strömungslagenabhängige Schadstoffkonzentration (Tagesmittel pro Strömungslagentag in mg/qbm Luft) in Mannheim 1988 111

A MANFRED SPITZ
STADTKLIMATOLOGISCHE UNTERSUCHUNGEN IN MANNHEIM

1. Allgemeine Grundlagen der Arbeit

1.1. Ziel und Gang der Untersuchungen

Intention der vorliegenden Untersuchung ist es, herauszufinden, welche Bedeutung Großwetterlagen und damit das mit ihnen einhergehende Witterungsgepräge in bezug auf die Gestaltung des Stadtklimas haben. Generell galt es während der 18-monatigen Meß- und Beobachtungsperiode zu prüfen, in welchen Dimensionen die einzelnen Großwetterlagen die Ausbildung stadtklimatischer Effekte bewirken. Da sich Differenzen innerhalb des Verdichtungsraumes Stadt in erster Linie beim Parameter Temperatur ergeben, wurde das Augenmerk vorrangig auf die Temperaturverhältnisse in der Quadratestadt gerichtet.

Neben den von der Wetterwarte Mannheim dankenswerterweise zur Verfügung gestellten Materialien basieren die Ergebnisse durchweg auf eigener Datenerhebung. So wurden während des Untersuchungszeitraumes von September 1988 bis Februar 1990 zunächst vier, ab März 1989 acht, mit Thermohygrographen bestückte Wetterhütten im Stadtgebiet installiert, die vielfältige Aufschlüsse über die Temperaturverhältnisse in Mannheim lieferten.

Da auf die im Rahmen stadtklimatischer Forschungen üblicherweise durchgeführten Meßfahrten wegen des Fehlens eines Meßfahrzeuges verzichtet werden mußte, wurden auf konventionelle Weise bei verschiedenen Wetterlagen Meßgänge im Innenstadtbereich mit dem Aspirationspsychrometer als Ergänzung der stationär gewonnenen Daten durchgeführt. Die Ergebnisse dieser temporären Messungen werden in Kapitel 3 vorgestellt.

Die für die Temperaturverhältnisse in der Stadt wesentlich mitentscheidenden Auswirkungen des Wärmeumsatzes im städtischen Baukörper sollen anhand von Oberflächentemperaturmessungen bei sommerlichen Strahlungswetterlagen aufgezeigt und in Kapitel 4 wiedergegeben werden.

1.2. Lage und naturräumliche Einordnung des Untersuchungsraumes

Mannheim liegt in einer der vom Klima besonders begünstigten warmtrockenen Landschaften Mitteleuropas, dem Oberrheingraben. Diese Gunstlage ist dabei in erster Linie auf die Öffnung des Rheingrabens nach Süden bei gleichzeitiger Abschirmung nach Westen (Haardt) und Nordwesten (Donnersberg) gegen die heranziehenden maritimen Wetterlagen aus diesen Richtungen, zurückzuführen. Gegen die kontinentalen Ostwetterlagentypen bildet daneben der Odenwald einen Schutz.

Das Untersuchungsgebiet stellt einen stark industriell geprägten Raum mit einer einfachen naturräumlichen Gliederung in Niederterrasse, Aue und östlich sich anschließenden Schwemmkegel des Neckars dar.

Die Siedlungsstruktur ist gekennzeichnet durch einen Kern (Quadrate) und einen ersten, im Zuge wachsender Industrialisierung entstandenen Ring peripherer Stadtteile, zu dem Schwetzingerstadt, Neckarstadt, Oststadt und Lindenhof zu zählen sind. Mit Ausnahme der locker bebauten Oststadt zeichnen sich diese Bereiche durch einheitliche städtebauliche Merkmale wie hohem Versiegelungsgrad, geringem Grünflächenanteil und enge Straßen mit schwacher Durchlüftung, aus. In den um Mannheim gelegenen einst selbständigen Dörfern wie Waldhof, Käfertal, Feudenheim, Neckarau und Rheinau bildeten sich um die alten, dicht bebauten Dorfkerne geschlossene bis halboffene Einzelhauszeilen.

Neugründungen sind die Stadtteile Schönau, Gartenstadt und Vogelstang, wobei Vogelstang das Baumuster einer Satellitenstadt mit Reihen- und Hochhausbebauung aus den 70er Jahren repräsentiert. Zu den auch im Süden der Quadratestadt neu entstandenen und durch lockere Bebauung sowie relativ hohen Grünflächenanteil gekennzeichneten Stadtteilen die nach und nach die Bebauung zwischen Innenstadt und Peripherie verdichteten zählen Almenhof, Pfingstberg und Casterfeld.

Die Industrie konzentriert sich vor allem im Norden auf die Friesenheimer Insel und entlang des Altrheinarmes, im Süden auf den Bereich zwischen Neckarau und Rheinau.

2. Witterungsklimatologische Untersuchungen

2.1. Darstellung der Arbeitsmethode

In einem ersten Arbeitsschritt wurden die während des Untersuchungszeitraumes (September 1988 bis Februar 1990) herrschenden Großwetterlagen dem monatlich erscheinenden Amtsblatt des Deutschen Wetterdienstes "Die Großwetterlagen Europas" entnommen.

Die weitere Aufarbeitung des vorliegenden Datenmaterials erfolgte dergestalt, daß jeweils getrennt nach den vier meteorologischen Jahreszeiten Winter (01.12.-28./29.02.), Frühling (01.03.-31.05.), Sommer (01.06.- 31.08.) und Herbst (01.09.-30.11.) sämtliche Beobachtungstage mit der gleichen Großwetterlage zusammengefaßt wurden. Alle in den betreffenden Jahreszeiten an Tagen mit gleicher Großwetterlage registrierten klimatologischen Daten wurden danach zu einem Mittel vereinigt. Bei den eigenen aufgestellten Wetterhütten waren dies Lufttemperatur und -feuchte. Aufzeichnungen über Windrichtung und -geschwindigkeit lagen von der Meßstation am Geographischen Institut und der Wetterwarte Mannheim vor. Diese stellte ferner Daten der Parameter Bewölkung, Sonnenscheindauer und Niederschlag zur Verfügung.

Entsprechend der teilweise sehr unterschiedlichen Auftrittshäufigkeit und Andauer von Großwetterlagen während einer Jahreszeit variierte die Zahl der Tage, die zur Mittelwertsbildung zusammengefaßt wurden, beträchtlich. Dennoch ist der Aussagewert der nach dieser Methode gewonnen Ergebnisse besonders hoch einzuschätzen, unterscheiden sich die errechneten Mittelwerte doch von denen der "klassischen" Klimatologie dadurch, daß sie nicht für einen willkürlich gewählten Zeitraum (z.B. Pentade oder Monat) gelten, sondern in sinnvollerer Weise nur für die Gesamtheit der Tage mit gleicher Witterung. Der Vorteil liegt somit auf der Hand: Nach dieser Vorgehensweise lassen sich Klimaverhältnisse ablesen, die sich rein aus der "Komplexität des Wettergeschehens vergleichbarer Tage ergeben" (vgl. ERIKSEN 1964).

Die in den folgenden Abschnitten vorgenommene Analyse soll nun Aufschluß über die Wetterwirksamkeit der Großwetterlagen innerhalb des Stadtgebietes von Mannheim geben. Besonderes Interesse kommt dabei folgenden Fragen zu:

- Wie stark differieren Tagesmaxima, Tagesminima und Tagesmitteltemperaturen?
- Bei welchen Wetterlagen werden die höchsten beziehungsweise niedrigsten Temperaturen gemessen. An welchen Stationen treten die höchsten oder tiefsten Werte auf?
- Wie viele Eis-, Frost-, Sommer- und heiße Tage sind zu verzeichnen. Welche Wetterlagen begünstigen das Auftreten dieser "Extremtage"?
- Wie wirken sich zyklonale und antizyklonale Wetterlagen auf das Wettergeschehen aus. Welche Wetterlagen haben, hinsichtlich der Temperaturen, die größten Differenzen innerhalb des Stadtgebietes zur Folge?

- Welche Wetterlagen führen zu den höchsten (niedrigsten) Niederschlagsmengen?
- Bei welchen Wetterlagen ist mit dem stärksten Bewölkungsgrad zu rechnen?
- Welche Windverhältnisse (Windrichtung/Windgeschwindigkeit) sind bei den einzelnen Großwetterlagen zu erwarten?

2.2. Ermittlung der Wetterlagentypen

Für die notwendige Klassifizierung der auftretenden Wetterlagen während des Untersuchungszeitraumes wurde der "Katalog der Großwetterlagen Europas" von HESS/BREZOWSKY (1977), der auf erste Auswertungen von BAUR ("Kalender der Großwetterlagen Europas" für die Jahre 1881 bis 1939) basiert, herangezogen. Dieser Katalog enthält 29 Großwetterlagen, wobei nach der BAURschen Definition dann von einer Großwetterlage gesprochen wird, wenn die für eine Wetterlage charakteristische Strömungsanordnung mehrere Tage - allgemein wird eine Mindestdauer von drei Tagen vorausgesetzt - im wesentlichen gleich bleibt.

Ferner wurden alle Großwetterlagen, die durch die gleiche Grundströmung und damit gleiche Luftmassenzufuhr miteinander verwandt sind, zu zehn Großwettertypen zusammengefaßt.

2.3. Kurzbeschreibung und Charakteristika der Großwetterlagen nach HESS/BREZOWSKY

<u>Großwettertyp: WEST</u>

WA: Westlage, über Mitteleuropa überwiegend antizyklonal.
Witterungscharakter: Meist freundlich, nur geringe Niederschläge, im Winter anfangs teils als Schnee. Im Winter vereinzelt leichte Strahlungsfröste möglich, im Sommer recht warmes Wetter. Mäßige Südwest- bis Westwinde.

WZ: Westlage, über Mitteleuropa überwiegend zyklonal.
Witterungscharakter: Unbeständig. Wechsel zwischen teils länger anhaltenden, teils schauerartigen Niederschlägen und halb- bis ganztägigen Aufheiterungen (Zwischenhoch). Im Winter mild (Niederschläge höchstens anfangs als Schnee), im Sommer kühl. Lebhafte, oft stürmische Winde aus westlichen Richtungen.

WS: Südliche Westlage.
Witterungscharakter: Trüb und sehr niederschlagsreich. Im Frühjahr zeitweise schwül-warm, im Hochsommer kühl.

WW: Winkelförmige Westlage.
Witterungscharakter: Mild. Häufige und oftmals ergiebige Niederschläge. Im Sommer allgemein kühl.

Großwettertyp: SÜDWEST

SWA: Südwestlage, Mitteleuropa überwiegend antizyklonal.
Witterungscharakter: Südlich der Mittelgebirge überwiegend heiter und trokken. In der kälteren Jahreszeit verbreitet Nebel und Hochnebel. Zu allen Jahreszeiten wärmer als normal.

SWZ: Südwestlage, Mitteleuropa überwiegend zyklonal.
Witterungscharakter: Unbeständig. Im Winter sehr niederschlagsreich (meist Regen), in der wärmeren Jahreszeit niederschlagsärmer. Im Sommer nur mäßig warm, in den übrigen Jahreszeiten allerdings wärmer als normal. Häufig lebhafte bis stürmische Süd- bis Südwestwinde.

Großwettertyp: NORDWEST

NWA: Nordwestlage, Mitteleuropa überwiegend antizyklonal.
Witterungscharakter: Vielfach aufgeheitert und trocken. Temperaturen etwa "normal". Im Winter in den unteren Schichten mild, in der wärmeren Jahreszeit kühl.

NWZ: Nordwestlage, Mitteleuropa überwiegend zyklonal.
Witterungscharakter: Sehr unbeständig. Häufige, teils schauerartige und ergiebige Niederschläge. Im Winter vielfach Schnee. In allen Jahreszeiten zu kalt, im Winter in den untersten Luftschichten allerdings vorübergehend Milderung ("maskierte Kaltfront"). Meist lebhafte Winde aus West bis Nord.

Großwettertyp: HOCHDRUCKLAGEN ÜBER MITTELEUROPA

HM: Abgeschlossenes Hoch über Mitteleuropa.
Witterungscharakter: Im Sommer heiter, trocken und sehr warm. Besonders im Bereich subtropischer Luftmassen und flacher Luftdruckverteilung einzelne Gewitter. In der kälteren Jahreszeit häufig Boden- zum Teil auch Hochnebel. Nächtliche Strahlungsfröste.

BM: Hochdruckbrücke über Mitteleuropa.
Witterungscharakter: Vielfach heiter und trocken. Im Sommer meist recht warm, im Winter Strahlungsfröste.

Großwettertyp: TIEF ÜBER MITTELEUROPA

TM: Abgeschlossenes Tief über Mitteleuropa.
Witterungscharakter: Wiederholte und häufig sehr ergiebige Niederschläge, in der kälteren Jahreszeit vielfach als Schnee. Im Sommer teils gewittrig und schwül, sonst meist zu kalt.

Großwettertyp: NORD

NA: Nord, Mitteleuropa überwiegend antizyklonal.
Witterungscharakter: Wechselnd wolkig, im Winter mit vereinzelten Schneeschauern, zeitweise aber auch heiter und trocken. In der wärmeren Jahreszeit kühl, im Winter strenger Frost.

NZ: Nordlage, Mitteleuropa überwiegend zyklonal.
Witterungscharakter: Bei meist böigen nördlichen Winden sehr wechselhaft. Im Winter und Frühjahr Schneefälle mit lebhafter Schauertätigkeit. In allen Jahreszeiten merklich kälter als normal.

HNA: Hoch über Nordmeer-Island, Mitteleuropa überwiegend antizyklonal.
Witterungscharakter: In der wärmeren Jahreszeit vielfach heiter, nur geringe Luftbewegung. Im Winter bei Strahlungswetter häufig kalt bis sehr kalt. Im Frühjahr nur mäßig warm, Bodenfrost möglich. Im Sommer warm aber nicht heiß.

HNZ: Hoch über Nordmeer-Island, Mitteleuropa überwiegend zyklonal.
Witterungscharakter: In der kälteren Jahreszeit meist stark bewölkt mit Schneefällen. Im Sommer wechselnd wolkig, besonders im Süden Gewitter. Im Winter kalt im Norden nach Süden zunehmend milder. In der wärmeren Jahreszeit mäßig warm bis schwül.

HB: Hoch über den Britischen Inseln.
Witterungscharakter: Bei nördlicher Luftzufuhr überwiegend freundlich und trocken. In der kalten Jahreszeit aber auch trüb mit zäher Hochnebeldecke. Meist nur mäßig warm. Im Winter oft sehr kalt mit mäßigen bis strengen Frösten.

TRM: Trog über Mitteleuropa.
Witterungscharakter: Unbeständig. Häufige, meist schauerartige Niederschläge, die im Winter vielfach als Schnee fallen. Im Westen in allen Jahreszeiten zu kalt.

Großwettertyp: NORDOST

NEA: Nordostlage, Mitteleuropa überwiegend antizyklonal.
Witterungscharakter: Vielfach heiter und trocken. Im Sommer mäßig warm, im Winter sehr kalt mit strengen Frösten.

NEZ: Nordostlage, in Mitteleuropa überwiegend zyklonal.
Witterungscharakter: Bei meist starker Bewölkung ausgedehnte Niederschläge, die vom östlichen Mitteleuropa bis an den Rhein ausgreifen. In der kalten Jahreszeit vielfach Schnee. Temperaturen allgemein deutlich unter normal.

Großwettertyp: OST

HFA: Hoch Fennoskandien, Mitteleuropa überwiegend antizyklonal.
Witterungscharakter: überwiegend heiter, trocken. Bei Zufuhr von Kontinentalluft im Winter vielfach strenger Frost. In den Übergangsjahreszeiten vielfach noch kälter als normal. Im Sommer dagegen warm bis heiß ohne nennenswerte Gewittertätigkeit.

HFZ: Hoch Fennoskandien, Mitteleuropa überwiegend zyklonal.
Witterungscharakter: Unbeständig. Verbreitet Niederschläge. In der kälteren Jahreszeit leichte Fröste, in der wärmeren schwül-warm.

HNFA: Hoch Nordmeer-Fennoskandien, Mitteleuropa überwiegend antizyklonal.
Witterungscharakter: Heiter bis wolkig, aber keine nennenswerten Niederschläge. Im Sommer recht warm, im Winter kalt.

HNFZ: Hoch Nordmeer-Fennoskandien, Mitteleuropa überwiegend zyklonal.
Witterungscharakter: Meist starke Bewölkung mit ergiebigen Niederschlägen. Im Winter meist Schnee, im Sommer vielfach gewittrig mit großen Regenmengen. Im Winter verbreitet, teilweise strenge Fröste, im Sommer schwül-warm.

Großwettertyp: SÜDOST

SEA: Südostlage, Mitteleuropa überwiegend antizyklonal.
Witterungscharakter: Im Südwesten und Westen vorübergehend wechselnd starke Bewölkung aber trocken. Im Herbst und Winter Frühnebel. In den Übergangsjahreszeiten dabei wärmer als normal, im Sommer heiß und im Winter recht kalt.

SEZ: Südostlage, Mitteleuropa überwiegend zyklonal.
Witterungscharakter: Unbeständig mit einzelnen Niederschlägen die auch im Winter überwiegend als Regen fallen. In der wärmeren Jahreszeit schwül, zum Teil heftige Gewitter. Im Westen und Süden allgemein wärmer als normal.

Großwettertyp: SÜD

SA: Südlage, Mitteleuropa überwiegend antizyklonal.
Witterungscharakter: Im Westen zeitweise wolkig. Sonst meist heiter, in den Morgenstunden Nebelfelder im Winter auch Hochnebel möglich. Niederschlagsfrei. Im Sommer vielfach heiß, aber selten schwül. Auch in den Übergangsjahreszeiten übernormale Temperaturen. Im Winter jedoch Strahlungsfröste möglich.

SZ: Südlage, Mitteleuropa überwiegend zyklonal.
Witterungscharakter: Meist stark bewölkt. Abgesehen von sommerlichen Gewitterschauern aber nur geringe Niederschläge (auch im Winter als

Regen). Im Winter dabei vielfach Nebel oder Hochnebel. In allen Jahreszeiten - abgesehen von einzelnen winterlichen Hochnebellagen -, besonders aber im Sommer wärmer als normal.

TB: Tief über den Britischen Inseln.
Witterungscharakter: Meist unbeständig mit zeitweiligen, in der wärmeren Jahreszeit teils gewittrigen und dann ergiebigen Niederschlägen. Auch im Winter Regen und Tauwetter. Zu allen Jahreszeiten, mit einem Maximum im Winter, wärmer als normal. Im Sommer oft schwül-warm.

TRW: Trog über Westeuropa.
Witterungscharakter: Meist unbeständig aber nicht durchweg unfreundlich. In der wärmeren Jahreszeit vielfach gewittrig mit ergiebigen Niederschlägen. Auch im Winter Niederschläge als Regen. Zu allen Jahreszeiten wärmer als normal, im Sommer häufig schwül-warm.

2.4. Beschreibung der Meßstandorte

2.4.1. Wetterwarte Mannheim, Vogelstang (VO)

Die Klimastation Mannheim des Deutschen Wetterdienstes liegt am Ostrand der Quadratestadt im Stadtteil Vogelstang. Der Standort der Wetterhütte befindet sich auf einer Rasenfläche, die nach Norden und Westen durch die Gebäude des Stadtteils abgeschirmt wird. Nach Osten und Süden grenzt das Grundstück der Wetterwarte an Freiland, ehe sich östlich in etwa 200 Metern Entfernung die Bundesautobahn A 6 Mannheim - Heilbronn anschließt.

2.4.2. Geographisches Institut, L 9 (GI)

Standort der Hütte innerhalb einer weitläufigen, als Parkplatz genutzten, Hofanlage. Nach Westen wird die Meßstation von dem fünfstöckigen Institutsgebäude abgeschirmt. Nach Osten wird die Freifläche in etwa 20 Metern Entfernung ebenfalls durch vier- beziehungsweise fünfgeschossige Reihenbebauung abgegrenzt. Lediglich eingeschossige Bebauung (Garagen) bildet den Nord- beziehungsweise Südrand des Hofes. Durch diese "Öffnung" ist Durchlüftung der weiträumigen Hofanlage gewährleistet. Als entscheidend für die Temperaturverhältnisse muß die zu allen Jahreszeiten ab dem Nachmittag beobachtete einsetzende Schattenwirkung des Institutsgebäudes (verstärkt vor allem aber bei niedrigem Sonnenstand im Herbst und Winter) und die damit verbundene geringere Erwärmung am Tage angesehen werden. So bleibt das Maximum teilweise hinter den Stadtrandstationen zurück.

2.4.3. Dahlberghaus, N 3 (DA)

Hüttenstandort in einem schmalen, etwa drei Meter breiten und 20 Meter langen "Hinterhof" der ehemaligen Stadtbücherei in Citylage. Begrenzung des Standortes durch bis zu fünf Meter hohe Mauern und mehrgeschossige Bebauung gegen Norden und Osten, die Fassade des Dahlberghauses nach Westen. Bei den Messungen wurden hier zu allen Jahreszeiten besonders hohe Temperaturen erreicht. Es muß dabei besonders berücksichtigt werden, daß sich in diesen Meßergebnissen verstärkt die kleinklimatischen Verhältnisse des Hinterhofes widerspiegeln. So ist zum einen die Ventilation durch die umgebenden Gebäude und Mauern stark herabgesetzt, auf der anderen Seite bewirkt bei Sonneneinstrahlung Reflexion an den Mauern und der Fensterfront des Dahlberghauses vermutlich die sehr hohen Nachmittagstemperaturen. Analog dazu wird auch die Tiefsttemperatur in den Nächten durch die dann einsetzende Wärmeabgabe der Hauswände relativ hoch gehalten.

2.4.4. Stadtgärtnerei Mannheim (SG)

Standort der Wetterhütte im westlichen Bereich der Stadtgärtnerei. Die Hütte steht frei ohne Beeinflussung von Mauern, größeren Bauten oder Bäumen in einer leichten Senke etwa zwei Meter unterhalb des terrassenförmig abfallenden Höhenniveaus am Süd- bis Westrand des Gärtnereiareals. Dadurch verstärkt auftretende

Kaltluftseenbildung ("frost pocket"). Entsprechend liegen die Temperaturen durchweg unter denen der anderen Stationen (ausgenommen Gartenstadt).

2.4.5. Waldhof-Ost, Frohe Arbeit (WH)

Aufgelockerte Bebauung mit Ein- und Mehrfamilienhäusern sowie Kleingärten prägen das städtebauliche Bild. Standort der Hütte auf einer Rasenfläche im Anwesen der Familie Michel. Durch Strauch- und Baumbewuchs ist die Hütte vom Frühjahr bis Herbst vor direkter Sonneneinstrahlung ganztägig geschützt. Bebauung west- bis südwestlich des Hüttenstandortes wirkt als Windschutz. Dieser Faktor, die abschirmende Wirkung der Bäume sowie unmittelbare Nähe der "Wärmepole" Käfertal und Industriegebiet Luzenberg (Daimler-Benz) dürften für die an dieser Station während des gesamten Untersuchungszeitraumes gemessenen verhältnismäßig hohen Temperaturen und Tagesmittel verantwortlich sein.

2.4.6. Gartenstadt, Unter den Birken (GA)

Dieser Stadtteil repräsentiert das Beispiel von Wohnungsbauprogrammen des frühen 20. Jahrhunderts ("Gartenstadt-Idee"). Die Gartenstadt zeichnet sich durch ihre lockere, homogene Siedlungsstruktur mit hohem Grünflächenanteil (Gärten) und Baumbewuchs (Alleecharakter "Unter den Birken") aus. Standort der Hütte im Vorgarten des Anwesens Pinz. Im Gegensatz zum lediglich einen Kilometer Luftlinie nordwestlich gelegenen Standort Waldhof-Ost deutlich niedrigere Temperaturen. Es ist davon auszugehen, daß sich die Nähe des Sandhofener und Käfertaler Waldes als Frischluftquelle bis in den westlichen Randbereich der Gartenstadt auswirkt. Zudem dürfte vor allem im Winter die kalte Luft verstärkt zwischen den locker stehenden Häusern über den Gärten liegenbleiben.

2.4.7. Industriegebiet Neckarstadt, Zielstraße (NE)

Standort der Wetterhütte im Hof der "Maschinenfabrik Gerberich" in der Zielstraße. Das Verwaltungsgebäude des Betriebes schirmt die Hütte nach Nordosten ab. Ein etwa 2,50 Meter östlich der Meßstation stehender Baum verhindert vor allem im Sommer bis zum Spätnachmittag direkte Besonnung. Die davon ausgehende Schattenwirkung darf nicht unterschätzt, und muß als Faktor für die vor allem im Sommer und Herbst niedrigeren Maximumtemperaturen angesehen werden. Ansonsten keine weitere Abschirmung von Gebäuden, sind doch sowohl Montagehalle wie weitere Nebengebäude der Firma in Flach- oder einstöckiger Bauweise gehalten. Negativ auf den Standort dürfte sich allerdings ein zwischen dem Verwaltungsgebäude und dem Hüttenstandort etwa drei Meter unterhalb des Hofniveaus verlaufender Weg mit Zugang zu den Pausen- und Umkleideräumen auswirken. Dieser "Einschnitt" dürfte prädestiniert für Kaltluftseenbildung sein, was die verhältnismäßig niedrigen, und für diesen Standort innerhalb eines Industriegebietes nicht repräsentativen, Minimumtemperaturen zum Teil erklären könnte.

2.4.8. Almenhof, Im Sennteich (AL)

Von Nordwest nach Südost verlaufende dreistöckige Reihenwohnhäuser, mit dazwischenliegenden etwa 15 Meter breiten Rasenflächen mit vereinzeltem Baumbestand, kennzeichnen den Standort der Wetterhütte im Bereich der Wohnanlage der "Eisenbahn-Siedlungsgesellschaft Stuttgart". Während des gesamten Tages weder von der Bebauung noch von den Bäumen Schattwirkung auf die Hütte ausgehend. Ferner ist gute Durchlüftung gewährleistet.

Abb. 1: Lageplan der Wetterhüttenstandorte

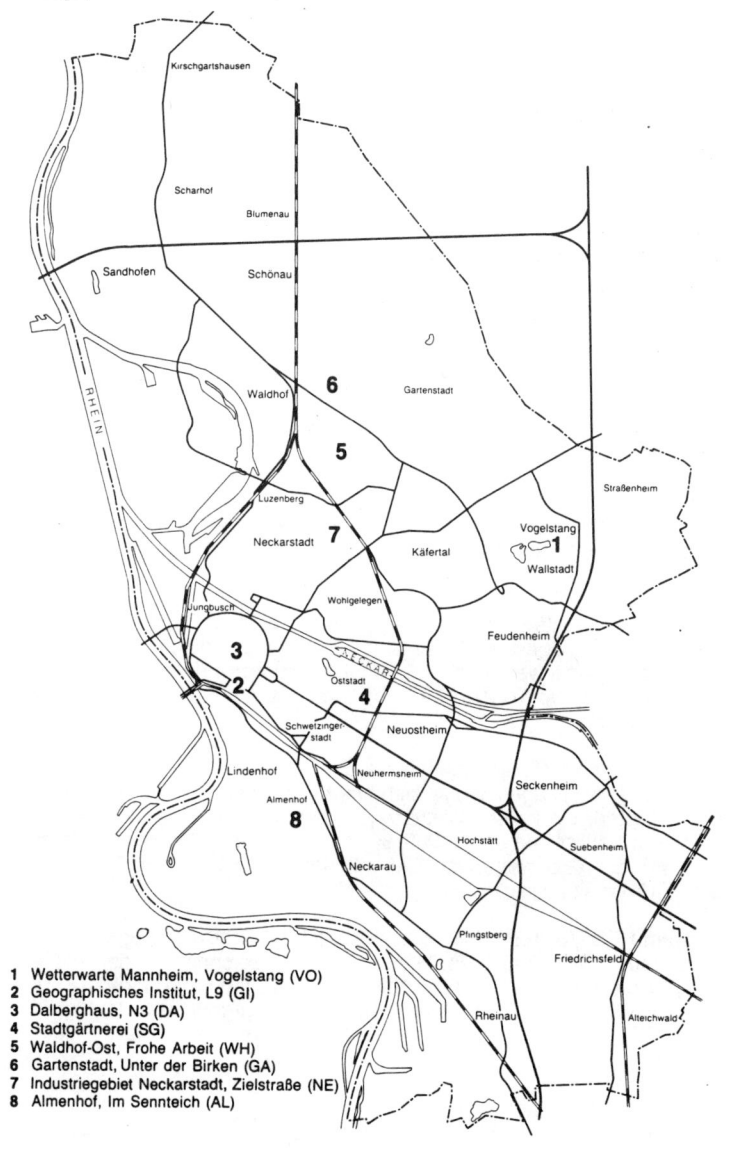

1 Wetterwarte Mannheim, Vogelstang (VO)
2 Geographisches Institut, L9 (GI)
3 Dalberghaus, N3 (DA)
4 Stadtgärtnerei (SG)
5 Waldhof-Ost, Frohe Arbeit (WH)
6 Gartenstadt, Unter der Birken (GA)
7 Industriegebiet Neckarstadt, Zielstraße (NE)
8 Almenhof, Im Sennteich (AL)

2.5. Die Wirksamkeit von Großwetterlagen auf die klimatischen Verhältnisse im Untersuchungsgebiet von September 1988 bis Februar 1990

2.5.1. Vergleich der Ergebnisse mit den langjährigen Mittelwerten

Bevor in den folgenden Abschnitten die Klimaverhältnisse und Eigenarten im Mannheimer Stadtgebiet durch Gegenüberstellung und Vergleich der einzelnen Stationen getrennt nach Jahreszeiten herausgearbeitet werden, sollen zunächst die klimatischen Verhältnisse - bezogen auf die Wetterwarte Mannheim - während des gesamten Untersuchungszeitraumes (September 1988 bis Februar 1990) genauer betrachtet, und mit langjährigen Mittelwerten verglichen werden.

Nimmt man zunächst die Auftrittshäufigkeit der Wetterlagen während dieser 18 Monate in Augenschein (vgl. Tabelle 1) wird deutlich, daß die unter dem Großwettertyp West zusammengefaßten Wetterlagen WA, WZ, WS und WW dominierten. An 188 Tagen (34,4%) bestimmte eine dieser Westwetterlagen das Wettergeschehen, wobei die zyklonale Westlage (WZ) mit 101 Tagen (18,5%) vor der antizyklonalen Westlage (WA) mit 74 Tagen (13,5%) den "Löwenanteil" stellte. Die Auftrittshäufigkeit der dominierenden Westlage WZ liegt für diesen Zeitraum damit etwas über den in HESS/ BREZOWSKY (1977) genannten jährlichen relativen Häufigkeitswerten. Erheblich über dem langjährigen Mittel lag die Auftrittshäufigkeit der antizyklonalen Westlage. WS (1,3%) und WW (1,1%) spielten nur eine untergeordnete Rolle.

Als häufigste Hochdrucklage stellte sich BM (84 Tage/15,4%) ein. HM-Einfluß herrschte an 32 Tagen (5,9%), womit der Großwettertyp "Hoch Mitteleuropa" im Untersuchungszeitraum die zweithöchste Auftrittshäufigkeit (116 Tage/21,2%) erreichte.

An dritter Stelle folgten Nordwest-Lagen (NWZ 45 Tage/8,2% bzw. NWA 19 Tage/ 3,5%), die somit insgesamt 64 Tage (11,7%) wetterwirksam waren, vor Südwest- und Süd-Lagen mit jeweils 8,2% (45 Tage). Dabei war innerhalb des Großwettertyps Südwest SWA mit 36 Tagen (6,6%) bei den Südlagen TRW mit 33 Tagen (6,0%) besonders häufig.

Nur untergeordnete Rollen spielten die Ost- (5,1%), Nord- (4,8%), Nordost- (2,2%) und Südost- (1,6%) Lagen, wobei sich hier besonders die milden Winter bemerkbar machen dürften, sind diese Wetterlagen doch für teilweise strenge Kälte verantwortlich, die sowohl im Winter 1988/89 wie auch 1989/90 ausblieb. Noch unbedeutender war der Großwettertyp "Tief Mitteleuropa" (TM), der lediglich an sechs Tagen (1,1%) registriert wurde.

Von den in HESS/BREZOWSKY klassifizierten 29 Großwetterlagen traten während des Untersuchungszeitraumes 21 auf. Nicht verzeichnet wurden die zum Großwettertyp Nord gehörenden Lagen NA, HNA, HNZ, TRM, die Nordost-Lage NEZ, die Ost-Lage HNFA sowie die dem Großwettertyp Süd zugeordnete TB-Lage.

Tab. 1: Auftrittshäufigkeit der Wetterlagen während des Untersuchungszeitraumes September 1988 - Februar 1990

Großwettertyp	Großwetterlage	Tage	Prozent
WEST Tage: 188 (34,4%)	WA	74	13,5
	WZ	101	18,5
	WS	7	1,3
	WW	6	1,1
SÜDWEST Tage: 45 (8,2%)	SWA	36	6,6
	SWZ	9	1,6
NORDWEST Tage: 64 (11,7%)	NWA	19	3,5
	NWZ	45	8,2
HOCH MITTELEUROPA Tage: 116 (21,2%)	HM	32	5,9
	BM	84	15,4
TIEF MITTELEUROPA Tage: 6 (1,1%)	TM	6	1,1
NORD Tage: 26 (4,8%)	NZ	14	2,6
	HB	12	2,2
NORDOST Tage: 12 (2,2%)	NEA	12	2,2
OST Tage: 28 (5,1%)	HNFZ	7	1,3
	HFA	14	2,6
	HFZ	7	1,3
SÜDOST Tage: 28 (5,1%)	SEA	9	1,6
SÜD Tage: 45 (8,2%)	SA	8	1,5
	SZ	4	0,7
	TRW	33	6,0
Übergangstage Ü		7	1,3

Beim Vergleich der Temperaturen mit dem Mittel 1951-1980 fallen die großteils positiven Abweichungen des Lufttemperaturmittels auf (vgl. Abb. 3). Den Werten des langjährigen Mittels entsprach mit dem September 1988 lediglich der erste Monat der Untersuchungsperiode. Unter den langjährigen Mittelwerten rangierte sowohl im Jahr 1988 (-1,2°C) wie 1989 (-2,0°C) der November, daneben nur noch der April 1989 (-1,4°C) und minimal (-0,4°C) der Juni 1989.

Abb. 2: Lufttemperaturmittelwerte (Wetterwarte Mannheim) während des Untersuchungszeitraumes (September 1988 bis Februar 1990) im Vergleich zum Mittel 1951 bis 1980

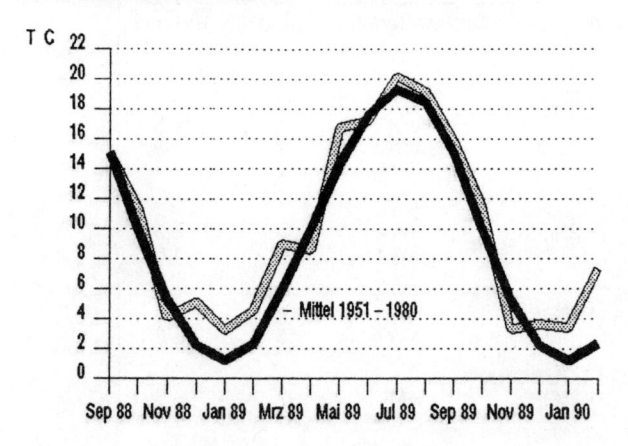

Abb. 3: Abweichungen des Lufttemperaturmittels (Wetterwarte Mannheim) vom Mittel 1951 - 1980

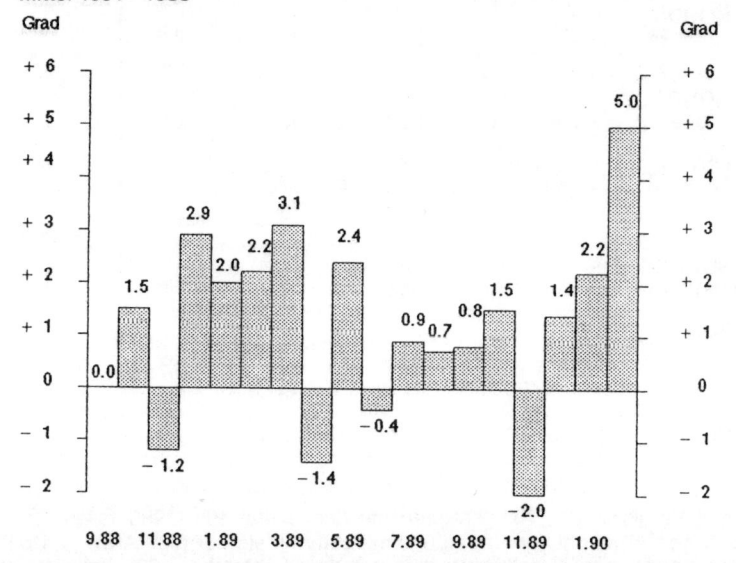

Dagegen weisen alle übrigen Monate teilweise markante positive Anomalien auf. Allen voran der Februar 1990, der mit einem Mittelwert der Lufttemperatur von +7,3°C um fünf Grad (!) über dem für den Zeitraum 1951 bis 1980 errechneten

Mittel von +2,3°C lag. Auffällig ist die positive Abweichung der Wintermonate Dezember, Januar, Februar zwischen + 1,4°C (Dezember 1989) und + 2,9°C (Dezember 1988) in beiden Jahren. Positive, wenngleich auch weniger signifikante, Abweichungen des Lufttemperaturmittels wurden allerdings auch im Sommer und Frühherbst 1989 errechnet: Juli 1989 (+0,9°C), August 1989 (+0,7°C), September 1989 (+ 0,8°C).

Abb. 4: Monatlicher Niederschlag an der Wetterwarte Mannheim (in mm) während des Untersuchungszeitraumes im Vergleich zum Mittel 1951 - 1980

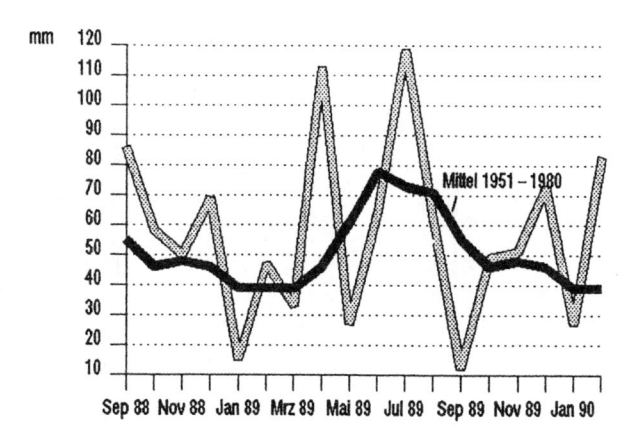

Ein sehr differentes Bild ergab sich bei Betrachten der monatlichen Niederschlagswerte (Abb. 4): Acht Monate lagen teilweise beträchtlich über den langjährigen Mittelwerten. Spitzenreiter war dabei der April 1989 mit einer Niederschlagshöhe von 113 mm oder 246% (!) vom Monatsmittel 1951-1980 (46 mm). Niederschlagsreich erwies sich auch der Februar 1990, der es auf 83 mm oder 213% vom langjährigen Mittel brachte. Deutlich über den Monatsdurchschnittswerten lagen ferner noch der September 1988 (86mm/156%), Oktober 1988 (58mm/126%), Dezember 1988 (69mm/150%), Februar 1989 (47mm/121%), Juli 1989 (11mm/163%) und Dezember 1989 (73mm/159%).

Diesen extrem "feuchten" Monaten standen vor allem der September 1989 (12mm/22% vom Mittel), Januar 1989 (15mm/38%), Mai 1989 (27mm/44%) und Januar 1990 (27mm/69%) mit auffälligen Niederschlagsdefiziten gegenüber.

Betrachtet man abschließend die monatliche Sonnenscheindauer (Abb. 6), fallen zunächst drei Monate mit besonderen Defiziten auf: Allen voran der April 1989 in dem die Sonnenscheindauer lediglich 47% vom Mittel 1951-1980 erreichte. Nur wenig mehr an der Sonne erfreuen konnte man sich ferner im Februar 1989 und Dezember 1988 (49% beziehungsweise 53% vom langjährigen Mittel). Deutlich hinter dem "Soll" blieben daneben September und Oktober des Jahres 1988 mit 71 sowie 78% vom Mittel 1951-1980.

Abb. 5: Monatlicher Niederschlag (Wetterwarte Mannheim) während des Untersuchungszeitraumes bezogen auf das Mittel 1951 - 1980

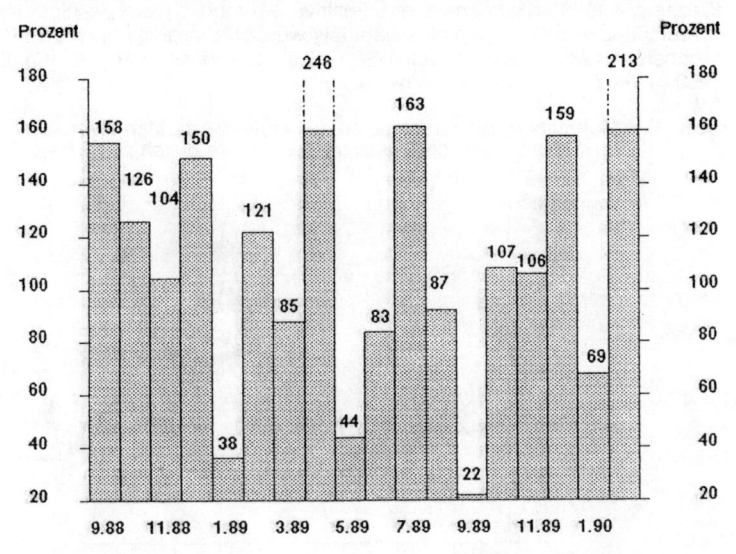

Abb. 6: Monatliche Sonnenscheindauer (in Stunden) während des Untersuchungszeitraumes im Vergleich zum 30jährigen Mittel (1951 - 1980)

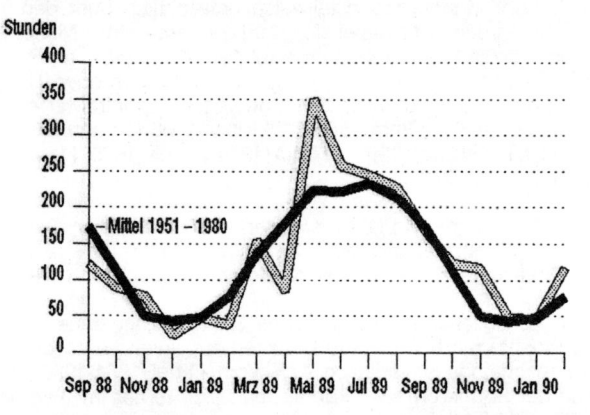

Positivstes Extrem war der November 1989, der mit einer Sonnenscheindauer von 116 Stunden 231% vom Mittel 1951-1980 erreichte, und damit sein ansich "graues Image" gewaltig aufpolierte. Deutlich über dem Mittel lagen auch noch der Mai 1989 (169 Stunden/157%), November 1988 (77 Stunden/154%) und Februar 1990 (117 Stunden/154%).

Die höchste Sonnenscheindauer in Stunden gab es im Mai 1989 mit 351 Stunden zu verzeichnen. Und auch in den Folgemonaten lachte die Sonne besonders häufig vom Himmel: Juni 1989 (257 Stunden), Juli 1989 (245), August 1989 (228). Lediglich an 23 Stunden (53%) zeigte sie sich dagegen im Dezember 1988 und auch Februar 1989 mit 38 Stunden (49%) sowie April 1989 (84 Stunden/47%) blieben deutlich hinter den langjährigen Mittelwerten zurück. Dennoch kann festgestellt werden, daß bei der Sonnenscheindauer während des Beobachtungszeitraumes von September 1988 bis Februar 1990 weniger extreme Abweichungen zu verzeichnen waren, als dies bei den Mitteltemperaturen oder Niederschlagshöhen der Fall war.

Abb. 7: Monatliche Sonnenscheindauer (Wetterwarte Mannheim) in Prozent vom Mittel 1951 - 1980

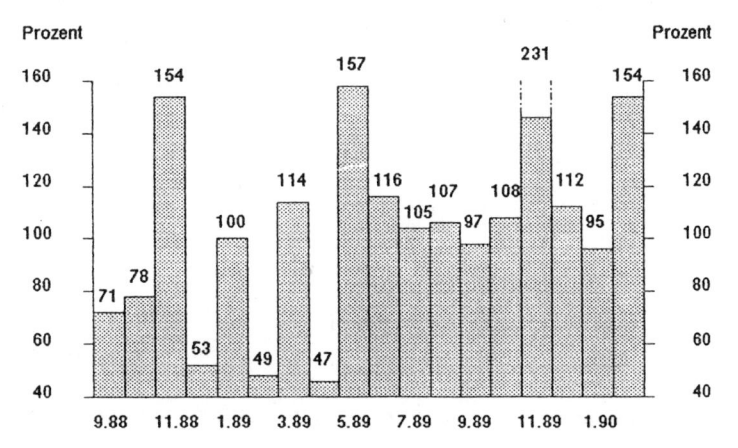

2.5.2. Herbst 1988

Zehn Großwetterlagen prägten im Herbst 1988 die Witterung (vgl. Abb. 8). Die häufigste war dabei die zyklonale Westlage (WZ) mit einer Auftrittsdauer von insgesamt 23 Tagen. Ihr folgte die antizyklonale Nordwestlage (NWA) mit 19 Tagen. Bereits mit deutlichem Abstand nahmen die antizyklonale Südostlage (SEA/9Tage), die Hochdruckbrücke über Mitteleuropa (BM/8 Tage), zyklonale Nordwestlage (NWZ/7 Tage), zyklonale Nordlage (NZ) und Hoch über Mitteleuropa (HM) mit je fünf Tagen sowie die beiden Süd-Lagen SZ (zyklonal/4 Tage) und SA (antizyklonal/3 Tage) die weiteren Plätze ein.

Vergleicht man die Monatsmitteltemperaturen der Wetterwarte Mannheim mit den Werten des langjährigen Mittels (1951-1980) fällt auf, daß der September 1988 mit 15,1°C genau eben diesem Wert entsprach. Im Oktober (11,5°C) dagegen war die Mitteltemperatur um 1,5°C gegenüber dem Mittel der Jahre 1951-1980 (10,0°C) zu hoch, im November (4,1°C) dann um 1,2°C zu niedrig.

Für den "goldenen Oktober" zeichnete vor allem die antizyklonale Südwestlage (SWA) verantwortlich, die in den Übergangsjahreszeiten durchweg mit milden Temperaturen aufwartet. Nach HESS/BREZOWSKY (1977) merklich "wärmer als normal" ist es ferner unter SZ (zyklonale Südlage), die im Oktober 1988 ebenfalls vier Tage wetterwirksam war. Vervollständigt wurde der "Reigen" an Wetterlagen, die im Untersuchungsgebiet für positive Temperaturanomalien bekannt sind (vgl. FRANKENBERG 1988), durch die zyklonale Westlage (WZ).

Der im Vergleich zum langjährigen Mittel niedrigere Novemberwert ist mit den langanhaltenden Nord- (NZ/5 Tage) und Nordwest-Lagen (NWZ/19 Tage) zu erklären, die auch im Mannheimer Stadtgebiet teilweise strenge (Nacht-)fröste zur Folge hatten und die Temperatur "drückten".

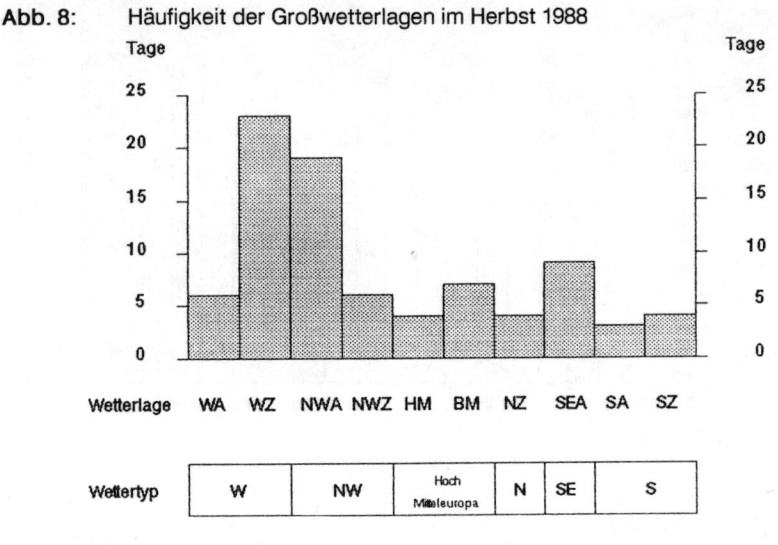

Abb. 8: Häufigkeit der Großwetterlagen im Herbst 1988

Die höchsten Temperaturen wurden an Tagen mit WZ- und HM-Lage gemessen. Bei WZ-Einfluß pendelten sie dabei am 1. September zwischen 24,2°C an der Stadtgärtnerei und 27,4°C an der Wetterwarte. Für die Station am Geographischen Institut standen 25,2°C, Dahlberghaus 26,0°C und Waldhof 26,2°C zu Buche. Ähnlich hohe Werte wurden dann nochmals am 10. September (HM) gemessen. Dabei hielt die Wetterwarte mit 25,6°C erneut die Spitzenposition knapp vor Waldhof (25,5°C). 24,0°C wurden an diesem Termin sowohl an der Stadtgärtnerei wie am Dahlberghaus registriert. "Schlußlicht" war das Geographische Institut mit 23,6°C.

Bei HM- und WZ-Einfluß wurden auch die letzten Sommertage des Jahres 1988 verzeichnet (vgl. Abb. 10). Die Zahl schwankte zwischen drei Tagen mit Maximumtemperaturen über 25,0°C an den Stationen Waldhof und Wetterwarte und jeweils einem Tag am Dahlberghaus und Geographischen Institut. Die Stadtgärtnerei hatte dagegen keinen Sommertag aufzuweisen.

Die tiefsten Temperaturen des Herbstes brachten die zyklonale Nordlage (NZ) sowie die antizyklonale Nordwestlage (NWA) mit sich. Infolge der für die Lagen der Nord- und Nordwest-Großwettertypen charakteristischen Zufuhr kontinental polarer beziehungsweise polar maritimer Luftmassen sanken die Temperaturen markant ab, wobei die NZ-Lage vom 19. bis 23. November zu den signifikantesten negativen Temperturanomalien führte.

So wurde am 22. November 1988 an allen Meßstationen ein Eistag verzeichnet. Die Tageshöchstwerte pendelten dabei zwischen -0,2°C in Waldhof, -0,4°C an der Wetterwarte, -2,1°C (Dahlberghaus), -3,2°C (Stadtgärtnerei) und -3,4°C am Geographischen Institut. An diesem Tag wurden auch die tiefsten Minima des Herbstes erreicht, die - wie sich später herausstellen sollte - selbst in den Wintermonaten nicht mehr unterboten wurden. Mit Abstand am weitesten sank die Temperatur am 22. November an der Stadtgärtnerei (-10,1°C) ab. Damit war es an dieser Meßstation um 2,5°C kälter als an den Standorten Wetterwarte mit -7,6°C und Waldhof (-7,5°C). Nochmals um ein bis zwei Grad "wärmer" war es an den Standorten im Stadtbereich mit -6,1°C (Geographisches Institut) und -5,3°C am Dahlberghaus.

Abb. 9: Tagesgang der Temperatur am 22. November 1988

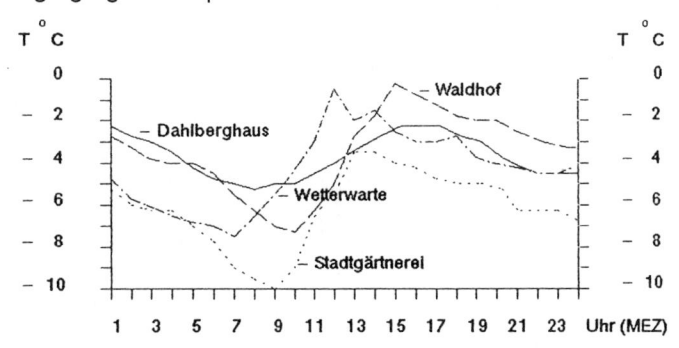

Ein weiterer Eistag wurde am Dahlberghaus und an der Wetterwarte am 23. November registriert. Am Geographischen Institut und an der Stadtgärtnerei blieb die Tageshöchsttemperatur während des NZ-Einflusses an zwei weiteren Tagen (21./23.11.) unter der Null-Grad-Marke. Während die Maxima bei Umstellung der Großwetterlage auf NWA (antizyklonale Nordwestlage) am 24.11. an den Stationen Waldhof (+2,6°C), Wetterwarte (+1,5°C), Dahlberghaus (+1,3°C) und am Geographischen Institut (+0,3°C) bereits wieder über 0°C kletterten, gab es an der Stadtgärtnerei mit einem Maximumwert von -0,5°C sogar noch einen vierten Eistag (vgl. Abb. 11).

Abb. 10: Häufigleit von Sommertagen bei den Großwetterlagen im Herbst 1988

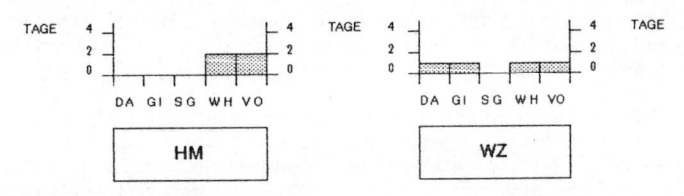

Die Zahl der Frosttage (Abb. 11) variierte zwischen 19 (Stadtgärtnerei) und fünf (Dahlberghaus). In Waldhof waren es zehn, an der Wetterwarte zwölf und am Geographischen Institut neun Tage. Daran lassen sich die Besonderheiten der Meßstandorte erkennen. Erwartungsgemäß blieb es im Citybereich (Dahlberghaus) während der nur kurzen Kälteperioden des Herbstes am wärmsten. Da es dort am längsten dauert, bis die warme Luft "weggeräumt" ist und sich die ersten Frosttage einstellen, verwundert es nicht, daß an diesem Standort die wenigsten Frosttage verzeichnet wurden. Berücksichtigt werden müssen allerdings auch die besonderen lokalen Verhältnisse (vgl. Beschreibung der Meßstandorte, Kapitel 4.4) der Station im engen Hinterhof des Dahlberghauses. Beim Geographischen Institut macht sich bereits die weitere Entfernung vom Innenstadtkern, ferner die am Standort gewährleistete Durchlüftung bemerkbar.

Abb. 11: Häufigkeit von Frosttagen (grau) und Eistagen (schraffiert) bei den Großwetterlagen im Herbst 1988

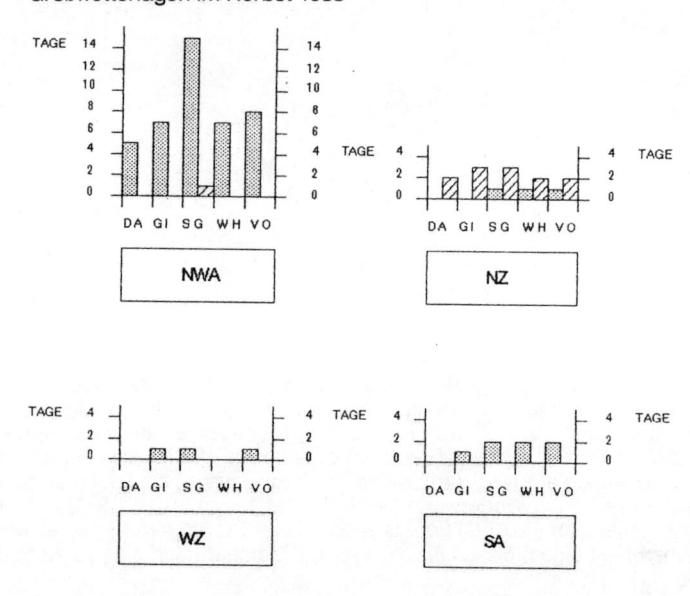

Daß in Waldhof verhältnismäßig wenig Eis- und Frosttage auftraten dürfte am dortigen dichten Strauch- und Baumbewuchs liegen, der sich ausgleichend auf die Temperaturverhältnisse auswirkt. Die Station an der Wetterwarte wiederum charakterisiert deutlich ihre Lage an der Stadtperipherie im Übergang zum unbebauten Umland: Zwar sind durch die ungehinderte Insolation am Standort die Tagesmaxima immer recht hoch (vergleichbar mit den Werten in Waldhof), nachts kühlt das Gelände dann aber deutlich stärker aus, wodurch die etwas höhere Zahl an Frosttagen, vor allem wiederum gegenüber Waldhof, zu erklären sein dürfte. Die Station an der Stadtgärtnerei wurde schon in diesem ersten Meßquartal ihrem Ruf als "frost pocket" gerecht, wie die hohe Zahl an Eis- und Frosttagen sowie die mit Abstand niedrigsten Minimumwerte unterstreichen.

Deutlich wurde, daß Frosttage in erster Linie bei Wetterlagen mit geringer Bewölkung auftraten. Daß zwischen ungehinderter Ausstrahlung und niedrigen Temperaturen ein direkter Zusammenhang besteht zeigt sich daran, daß während der relativ bewölkungsarmen antizyklonalen Nordwest-Lage (mittlere tägliche Bewölkung 4,6 Achtel) der Großteil aller Frosttage auftrat: Bei Andauer dieser Wetterlage von 19 Tagen gab es an der Stadtgärtnerei 15 Frosttage (dazu ein Eistag), an der Wetterwarte acht, in Waldhof und am Geographischen Institut jeweils sieben sowie am Dahlberghaus fünf Frosttage.

Die geringsten Unterschiede zwischen den einzelnen Meßstationen wurden ausnahmslos bei den Maximumtemperaturen verzeichnet. Je nach Wetterlage pendelten die Differenzen lediglich zwischen 2,03°C (NWZ) und 2,74°C bei der antizyklonalen Westlage (WA). Die größten Unterschiede bei den durchschnittlichen Maximumtemperaturen ergaben sich bei zyklonaler Nordlage mit 3,4°C. Dabei bewegten sich die für diese Großwetterlage notierten Durchschnittswerte des Temperaturmaximums zwischen +3,22°C in Waldhof und -0,18°C an der Stadtgärtnerei. Die Wetterwarte errechnete +2,74°C, der Wert am Dahlberghaus lag bei +2,16°C und am Geographischen Institut bei +1,18°C.

Die geringsten Abweichungen bei den Maximumtemperaturen brachte die zyklonale Westlage (WZ) mit sich. Bedingt durch den hohen Bewölkungsgrad (6,5 Achtel) und die starke Luftbewegung mit Spitzen bis zu 25,2 m/s war das Innenstadt-Stadtrand-Gefälle am wenigsten ausgeprägt. An der Spitze rangierten dabei mit einem Durchschnittswert von jeweils 17,59°C Waldhof und die Wetterwarte, 16,89°C betrug der Mittelwert am Geographischen Institut, 16,39°C waren es am Dahlberghaus und schließlich 15,42°C an der Stadtgärtnerei.

Anders verhält es sich bei den Minimumtemperaturen. Hier ist deutlich eine Zweiteilung auszumachen, wobei die größten Differenzen durchweg bei antizyklonalen Wetterlagen auftraten. Spitzenreiter war HM (Hoch über Mitteleuropa), bei dem sich ein Unterschied zwischen "kältester" und "wärmster" Station von 5,62°C ausbildete. So standen dem Durchschnittswert von 8,42°C an der Stadtgärtnerei während dieser Lage 14,04°C am Dahlberghaus gegenüber. Dazwischen rangierten Waldhof (12,38°C) und Geographisches Institut (12,44°C). Für die Wetterwarte wurde ein Durchschnittswert von 10,64°C errechnet. Markant waren die Abweichungen ferner bei den Wetterlagen SA (5,12°C), WA (4,91°C), NWA (4,35°C), BM (4,33°C). Die geringste Differenz innerhalb des Stadtgebietes bei antizyklonalem Einfluß bewirkte die antizyklonale Südostlage (SEA). Ansonsten wurden die geringsten Unterschiede bei den Tiefstwerten durchweg bei zyklonalem Witterungscharakter beobachtet, so bei WZ (3,25°C), NWZ (3,30°C), NZ (3,42°C) und SZ (3,52°C).

Auch beim Tagesmittel der Temperatur waren die Unterschiede bei antizyklonalem Einfluß am größten, allerdings weniger stark ausgeprägt als bei den Minimumtemperaturen. So differierten die Tagesmittel bei HM-Einfluß beispielsweise zwischen Stadtgärtnerei (14,78°C) und Dahlberghaus (18,74°C) um 3,96°C. Weiter folgten SA (3,83°C Differenz), NWA (3,43°C), BM (3,31°C) und WA (3,30°C). Die geringsten Unterschiede stellten sich wiederum bei der SEA-Lage (2,59°C) ein, die damit noch vor der ersten zyklonalen Wetterlage - WZ (2,63°C) - rangierte.

Erwartungsgemäß war die mittlere tägliche relative Luftfeuchte am Dahlberghaus am niedrigsten, wird der Verdunstungsvorgang in der weitgehend versiegelten und vegetationsarmen Innenstadt doch erheblich reduziert und damit auch die relative und absolute Luftfeuchtigkeit herabgesetzt. Während die Luftfeuchtewerte an den Stationen Waldhof, Wetterwarte und Stadtgärtnerei unabhängig von den Wetterlagen annähernd gleich waren, wurde am Dahlberghaus meist eine um bis zu zehn Prozent niedrigere relative Luftfeuchte gemessen. So lag der Wert beispielsweise bei WA-Einfluß am Dahlberghaus bei 72%, an der Stadtgärtnerei und in Waldhof bei 85% und an der Wetterwarte bei 86%. Ähnlich stellten sich die Verhältnisse bei WZ-Lage dar: Dahlberghaus 71%, Wetterwarte 80%, Stadtgärtnerei 81% und Waldhof 78%.

Betrachtet man den Grad der Bewölkung fällt auf, daß dieser auch bei Lagen mit antizyklonalem Witterungsgepräge recht hoch war. Bewölkungsarme Schönwettertage knüpften sich während des Beobachtungszeitraumes ausschließlich an die HM-Lage mit einer mittleren täglichen Bewölkung von 2,5 Achteln. Durchweg heiteres Wetter (nach den Kriterien des Deutschen Wetterdienstes bei einem Bewölkungsmittel unter 1,6 Achteln) brachte somit keine Wetterlage mit sich. Durch hohen Bewölkungsgrad zeichneten sich alle übrigen Großwetterlagen aus. Angefangen bei NWZ (5,7 Achtel), SEA (5,9), SZ und NZ (jeweils 6,2), BM (6,3), SA (6,4) bis WZ (6,5 Achtel).

Mit 81,7 mm brachte die zyklonale Westlage die höchste Niederschlagsmenge des Herbstes 1988. Besonders niederschlagsreich präsentierte sich daneben NWZ (45,4 mm). Bei der antizyklonalen Westlage (WA) wurden 18,3 mm Niederschlag gemessen, bei NZ-Einfluß 17,2 mm. Trocken blieb es dagegen bei den drei Hochdrucklagen HM, BM, SA.

Eine Schneedecke von einem Zentimeter und höher wurde an der Wetterwarte an drei Tagen (23. bis 25. November) gemessen. Dabei betrug das Maximum am 23. November elf Zentimeter, einen Tag später waren es noch sieben und am 23. November war letztlich noch eine zwei Zentimeter hohe, aber bereits durchbrochene, Schneedecke anzutreffen.

Die höchsten Windgeschwindigkeiten wurden ebenfalls bei den durch wechselhaften Witterungscharakter gekennzeichneten zyklonalen Lagen WZ, NWZ und NZ aufgezeichnet. Die maximale Windspitze wurde unter WZ-Einfluß mit 25,2 m/s (etwa 92 km/h), am Geographischen Institut und 22,8 m/s an der Wetterwarte ermittelt. Bei NZ erreichten die maximalen Windspitzen 17,0 m/s (Geographisches

Institut) beziehungsweise 17,8 m/s (Wetterwarte), bei der zyklonalen Nordlage waren es noch 13,4 m/s am Geographischen Institut und 15,6 m/s an der Wetterwarte.

Abb. 12: Prozentuale Häufigkeit der Windrichtungen im Herbst 1988

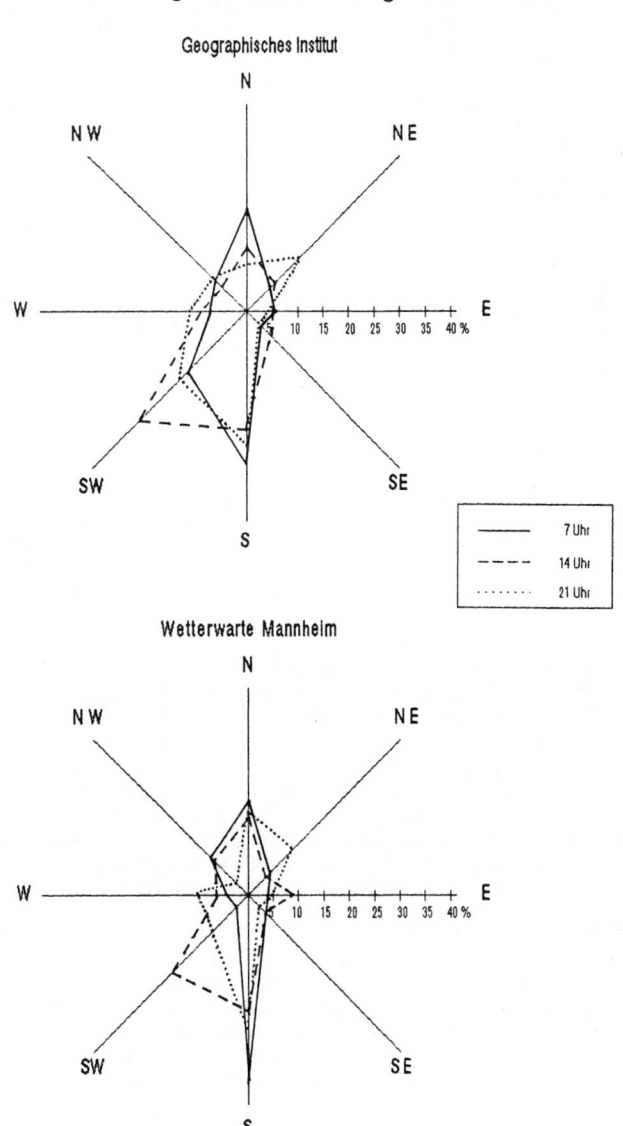

Bei diesen drei genannten Wetterlagen war auch die durchschnittliche Windgeschwindigkeit zu den drei Meßzeiten 7, 14 und 21 Uhr am höchsten. Sie betrug bei der zyklonalen Westlage am Geographischen Institut: 2,7 Beaufort (7 Uhr), 3,6 Beaufort (14 Uhr) und 2,6 Beaufort (21 Uhr). Demgegenüber standen Durchschnittswerte von 2,2 Beaufort (7 Uhr), 3,0 Beaufort (14 Uhr), 2,9 Beaufort (21 Uhr) an der Wetterwarte. Daß am Geographischen Institut höhere Windgeschwindigkeiten und Windspitzen auftraten ist durch die Position des Meßfühlers auf dem Dach des etwa 25 Meter hohen Institutsgebäudes zu erklären, nimmt die Windgeschwindigkeit doch mit der Höhe zu. Dagegen befindet sich der Anemometer der Wetterwarte lediglich zwölf Meter über dem Erdboden. Somit können die geringeren Werte erklärt werden, flaut der Wind doch mit Annäherung an die Bodenreibungsschicht mehr und mehr ab (vgl. FEZER/SEITZ 1977). Es gilt die Faustregel, daß der Wind in zwei Meter Höhe etwa 33%, in vier Meter Höhe etwa 20% schwächer dagegen in 30 Meter Höhe etwa 20% stärker ist, als zehn Meter (Standardmeßhöhe bei Windmessungen) über dem Boden (van EIMERN/HÄCKEL 1984).

Deutlich wird der Tagesgang der Windgeschwindigkeit an beiden Stationen. Die höchsten Durchschnittswerte wurden grundsätzlich für den 14-Uhr-Termin errechnet. Ursache dafür ist, daß die durch starke Sonneneinstrahlung verursachte erhöhte Turbulenz über Mittag zu Geschwindigkeitssteigerungen führt, während sich der Wind gegen Abend bis zum frühen Morgen wieder beruhigt (FEZER/SEITZ 1977).

2.5.3. Winter 1988/89

Lediglich sechs Großwetterlagen (vgl. Abb. 13) prägten die Witterung in den drei Wintermonaten Dezember 1988 bis Februar 1989. Häufigste Winter-Großwetterlage war dabei allerdings nicht, wie von FRANKENBERG (1988) für den Zeitraum 1979 bis 1985 ermittelt, die zyklonale Westlage (WZ) sondern die antizyklonale Westlage (WA).

An 33 Tagen war WA-Einfluß zu verzeichnen, die zyklonale Westlage (WZ) als zweithäufigste Wetterlage während des Winters 1988/89 prägte an 20 Tagen das Witterungsgeschehen. Neben WA und WZ kommen mit der winkelförmigen Westlage (WW/6 Tage) sowie der südlichen Westlage (WS/4 Tage) zwei weitere milde und sehr feuchte Westströmungen hinzu. Damit zeichneten diese, dem Großwettertyp West zugeordneten und in Mannheim durchweg positive Temperaturanomalien herbeiführenden, Wetterlagen (vgl. FRANKENBERG 1988) an 63 Tagen oder 70% des Beobachtungszeitraumes für das Witterungsgepräge verantwortlich. Auch für die dritthäufigste Großwetterlage dieses Winters (NWZ/14 Tage) ist wechselhafte, durchweg milde und sehr feuchte Witterung charakteristisch.

Als einzige Hochdrucklage steht HM (Hoch über Mitteleuropa) zu Buche. Sie brachte, wie für Hochdrucklagen im Winter typisch, deutlich niedrigere Temperaturen mit sich, und sorgte an den zwölf Tagen ihres Auftretens noch für die "winterlichsten Verhältnisse". Allerdings nahm unter HM-Einfluß auch die Nebelneigung deutlich zu. Wetterlagen, bei denen auch im Mannheimer Raum strenge winterliche Verhältnisse herrschen (vgl. FRANKENBERG 1988) wie beispielsweise HNA

(Hoch über Nordmeer-Island) oder die "Schneelage" NZ (zyklonale Nordlage) blieben während des Untersuchungszeitraumes gänzlich aus.

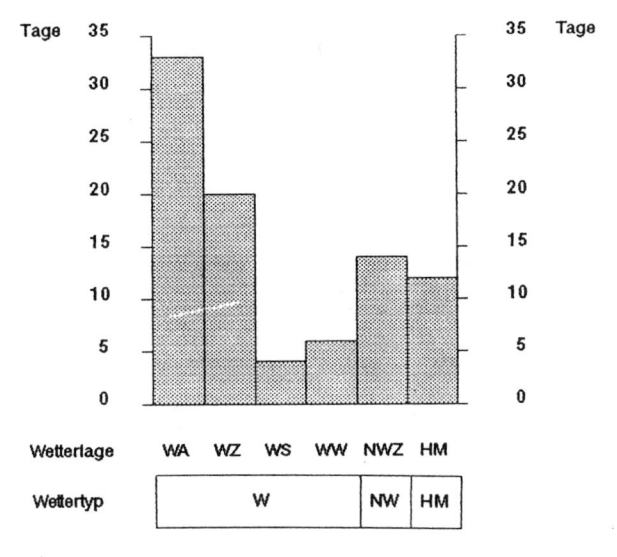

Abb. 13: Häufigkeit der Großwetterlagen im Winter 1988/89

Wetterlage	WA	WZ	WS	WW	NWZ	HM
Wettertyp	W				NW	HM

Die Häufung wechselhafter und milder Wetterlagen schlug sich entsprechend auf die Temperaturverhältnisse nieder: In allen drei Monaten lag das für die Wetterwarte Mannheim errechnete Lufttemperaturmittel deutlich über dem Durchschnittswert von 1951 bis 1980. Die markanteste Abweichung wurde im Dezember 1989 notiert, als der Monatswert von 5,1°C um 2,9°C über dem Mittel 1951 bis 1980 rangierte. Immerhin noch um 2,0°C beziehungsweise 2,2°C wurde im Januar und Februar 1989 das 30jährige Mittel überschritten.

Die höchsten Temperaturen dieses Winters wurden bei der zyklonalen Westlage beobachtet. Relativ hoher Bewölkungsgrad (durchschnittlich 7,0 Achtel), geringe Ausstrahlung sowie die Zufuhr feuchter und milder Luftmassen waren für die Zeiträume mit WZ-Einfluß charakteristisch, und führten sowohl zu den höchsten Maxima wie Minima des Winters. So wurden am 19./20. Februar 1989 an allen Stationen Höchstwerte von deutlich über zehn Grad gemessen. Spitzenreiter an beiden Tagen war Waldhof mit 15,9°C beziehungsweise 15,4°C. Dicht zusammen lagen die Stationen Vogelstang (14,6°C/14,1°C), Dahlberghaus (14,4°C/14,0°C) und auch am sonst eher kühlen Standort Stadtgärtnerei wurden noch Werte von 14,6°C sowie 13,4°C registriert. Auch die höchsten Minima des Winters wurden am 19./20. Februar beobachtet. Sie pendelten am 19. Februar zwischen 10,2°C in Waldhof und 8,6°C am Geographischen Institut. Einen Tag später waren es immer noch zwischen 9,6°C (Waldhof) und 7,4°C an der Stadtgärtnerei.

Entsprechend gering war die Zahl an Frosttagen während der insgesamt 20 Tage mit WZ-Einfluß: Lediglich drei Mal sank die Minimumtemperatur an der Stadtgärtnerei (-3,0°C am 17.02) unter die Null-Grad-Marke, zwei Frosttage stehen für die Wetterwarte im Stadtteil Vogelstang und noch ein Frosttag für Waldhof zu Buche. Am Dahlberghaus wurde ebenso wie am Geographischen Institut kein Frosttag registriert. Mangelware blieben Tage mit einem Temperaturminimum unter Null Grad - lediglich zwei an der Stadtgärtnerei - aber auch bei der winkelförmigen Westlage (WW). Bei der südliche Westlage (WS) traten an keiner Station Frosttage auf.

Die höchste Zahl an Frosttagen (leichte Strahlungsfröste zwischen -3,4°C an der Stadtgärtnerei und -1,4°C in Waldhof)) wurde bei der antizyklonalen Westlage (WA) festgestellt, wobei die Häufigkeitsverteilung recht unterschiedlich ausfiel. An der Spitze rangierte mit 17 Tagen die Stadtgärtnerei vor den Standorten Geographisches Institut (11) und Vogelstang (10). Auffällig ist die mit sechs Tagen vergleichsweise geringe Zahl in Waldhof, doch dürfte sich hier die abschirmende Wirkung von Bäumen und Sträuchern bemerkbar machen. Weniger Tage mit Frost gab es nur noch am Dahlberghaus (4), doch kamen hier immerhin noch zwei Eistage dazu, was in Waldhof nicht der Fall war.

Insgesamt brachte dieser viel zu milde Winter lediglich zwischen 33 (Stadtgärtnerei) und zehn (Dahlberghaus) Frosttage (vgl. Abb. 14). 22 Mal wurden an der Wetterwarte Vogelstang Tage mit einem Temperaturminimum unter Null Grad registriert, 19 Tage waren es am Geographischen Institut und schließlich 17 Tage in Waldhof.

Bescheiden fiel auch die Bilanz bei den Eistagen aus (vgl. Abb. 14). Die größte Zahl an Tagen mit Dauerfrost (11) trat erwartungsgemäß an der Stadtgärtnerei auf. Am Geographischen Institut waren es noch acht Tage, die Wetterwarte Vogelstang notierte fünf, für das Dahlberghaus standen vier und für Waldhof lediglich ein Eistag zu Buche. Die meisten Tage mit Dauerfrost stellten sich bei HM (Hoch über Mitteleuropa) ein. Bei einer Auftrittshäufigkeit von insgesamt zwölf Tagen mit HM-Einfluß wurden zwischen fünf (Stadtgärtnerei) und einem Eistag in Waldhof beobachtet.

Einziger Tag des gesamten Winters an dem an allen Meßstationen auch die Maximumtemperatur nicht über den "Gefrierpunkt" kletterte, war der 28. Januar 1989. Dabei bewegten sich die Höchstwerte zwischen -3,2°C an der Stadtgärtnerei und -0,4°C an der Wetterwarte. Am Geographischen Institut blieb das Thermometer bei -2,4°C stehen, am Dahlberghaus bei -1,1°C und in Waldhof bei -0,8°C.

Unter HM-Einwirkung wurden an den meisten Stationen die tiefsten Temperaturen des Winters gemessen. Sie pendelten am 26. Januar 1989 zwischen -8,2°C an der Stadtgärtnerei und -4,0°C am Geographischen Institut. Der tiefste Wert des Winters wurde daneben auch an der Wetterwarte mit -5,5°C verzeichnet. Kälter war es allerdings am Dahlberghaus (-2,6°C) noch am 28. Januar mit -2,8°C und in Waldhof (-3,9°C) am 16. Dezember 1988, als unter NWZ-Einfluß -5,1°C erreicht wurden. Die zyklonale Nordwestlage (NWZ) brachte nach HM die zweitgrößte Anzahl an Frost- und Eistagen und am 16./17. Dezember 1988 ähnlich tiefe Minimumtemperaturen (Stadtgärtnerei bis -7,7°C) wie beim Hoch über Mitteleuropa.

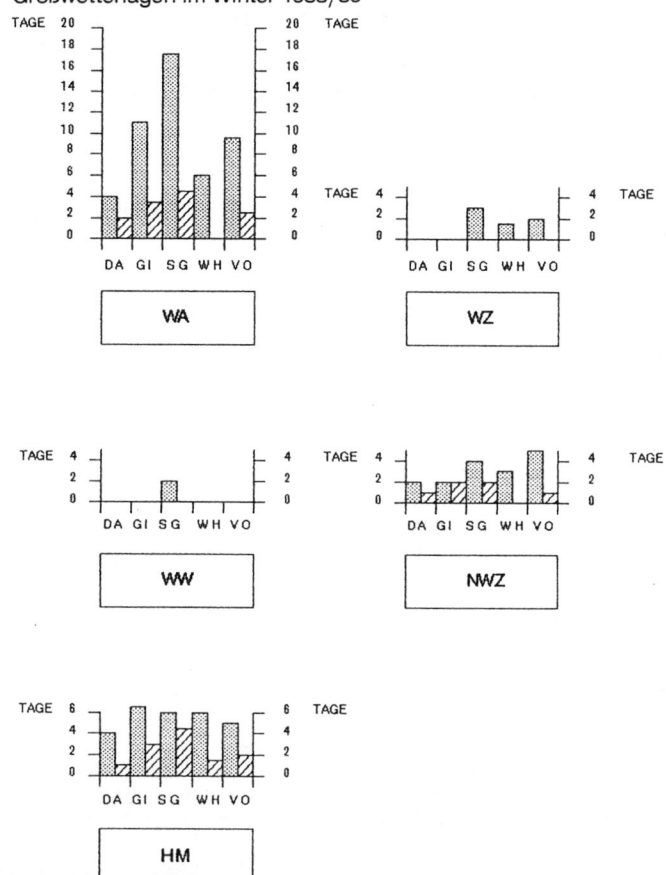

Abb. 14: Häufigkeit von Frosttagen (grau) und Eistagen (schraffiert) bei den Großwetterlagen im Winter 1988/89

Die geringsten Unterschiede zwischen den einzelnen Meßstandorten wurden wie schon im Herbst bei den Maximumtemperaturen festgestellt. So war bei HM-Einfluß zwischen kältestem und wärmsten Standort lediglich eine Differenz von 1,77°C zu verzeichnen. Dies dürfte darauf zurückzuführen sein, daß durch die bei HM zunehmnde (Hoch)nebelneigung der über der Stadt hängende Dunst beziehungsweise Nebel den Unterschied zwischen Zentrum und Randbereich in besonderem Maße dämpft. In einem engen Spektrum bewegten sich die Differenzen bei fast allen übrigen Wetterlagen, unabhängig ob zyklonales oder antizyklonales Witterungsgepräge vorherrschte. So wurden Differenzen zwischen 2,33°C (WA) und maximal 2,70°C bei der südlichen Westlage (WS) errechnet. Die markantesten Unterschiede bei den Maximumtemperaturen bewirkte die winkelförmige Westlage mit 3,05°C.

Ausgeprägter waren die Abstände zwischen kältestem und wärmsten Meßstandort wiederum bei den Minimumtemperaturen, obgleich nicht die "Dimensionen" wie im Herbst erreicht wurden. Am stärksten divergierten die Werte bei der zyklonalen Nordwestlage (NWZ) mit 3,46°C. Weiter folgten WW (3,31°C), WA (2,95°C) und HM (2,86°C). Die geringsten Abweichungen zwischen den einzelnen Stationen hatten WZ (2,38°C) und WS mit 2,07°C zur Folge. Auffällig ist bei diesen beiden Wetterlagen, daß nicht wie bislang durchweg beobachtet die Minimumtemperaturen die größten Differenzen hervorriefen, sondern die Maximumwerte (WZ 2,59°C / WS 2,70°C).

Als verhältnismäßig gering stellten sich auch die Unterschiede bei den Tagesmitteln der Temperatur heraus. An der Spitze lagen hier mit 2,95°C beziehungsweise 2,94°C die südliche Westlage (WS) und die winkelförmige Westlage. Bei den übrigen Großwetterlagen stellten sich Unterschiede zwischen 2,39°C (WZ/WA) und 2,50°C (HM) ein.

Wie schon im Herbst war der Grad der Bewölkung bei allen Wetterlagen auch im Winter sehr hoch. Er pendelte zwischen durchschnittlich 6,0 Achteln bei HM-Einfluß und 7,0 Achteln bei den Lagen WZ und WW. Während die Westlagen allerdings für sehr wechselhaftes und niederschlagsreiches Witterungsgepräge sorgten, herrschte beim Hoch über Mitteleuropa "ruhiges" Winterwetter mit nur geringer Niederschlagsneigung (4,3 mm). Der hohe Bewölkungsgrad ist dabei primär auf Nebel- beziehungsweise Hochnebelbildung zurückzuführen.

Als niederschlagsreichste Wetterlage erwies sich auch im Winter die zyklonale Westlage (WZ) mit einer Niederschlagshöhe von 42,4 mm, vor der zyklonalen Nordwestlage mit 38,2 mm. Weiter folgten die winkelförmige Westlage (23,1 mm), antizyklonale Westlage (14,6 mm) und die südliche Westlage (11,3 mm).

Auf Schnee wartete man allerdings während der drei Wintermonate vergebens. Einzig am 18. Dezember 1988 registrierte die Wetterwarte eine ein Zentimeter hohe "Schneedecke", die allerdings bereits nach wenigen Stunden wieder abgetaut war.

Die höchsten Windgeschwindigkeiten wurden bei NWZ-Einfluß aufgezeichnet. Sie betrugen am 19. Dezember 1988 23,1 m/s am Geographischen Institut beziehungsweise 21,6 m/s an der Wetterwarte. Teilweise recht stürmisch war es daneben bei allen Westwetterlagen. So wurden am 4.12.88 bei winkelförmiger Westlage zwischen 20,3 m/s am Geographischen Institut und 17,0 m/s an der Wetterwarte erreicht. Bei südlicher Westlage betrugen die maximalen Windspitzen 19,6 m/s (Geographisches Institut) und 18,5 m/s (Wetterwarte), bei zyklonaler Westlage 19,5 m/s (Geographisches Institut) beziehungsweise 17 (Wetterwarte) und bei antizyklonaler Westlage immer noch 16,0 m/s am Geographischen Institut und 12,9 m/s an der Wetterwarte. "Ruhiger" ging es lediglich bei HM-Einfluß zu. Dabei wurden mit 8,3 m/s am Geographischen Institut und 9,3 m/s an der Wetterwarte deutlich niedrigere Windspitzen beobachtet.

Bei den beiden Westlagen WZ und WW sowie der zyklonalen Nordwestlage waren auch die durchschnittlichen Windgeschwindigkeiten zu den drei Meßzeitpunkten am größten. So wurde bei WZ an der Wetterwarte um 7 Uhr ein mittlerer Wert von 2,5 Beaufort, um 14 Uhr von 3,0 und um 21 Uhr noch 2,4 Beaufort errechnet. Am

Geographischen Institut lagen die Werte bei 2,3/2,7/2,1 Beaufort. Ähnliche Verhältnisse herrschten bei NWZ- und WW-Einfluß.

Abb. 15: Prozentuale Häufigkeit der Windrichtungen im Winter 1988/89

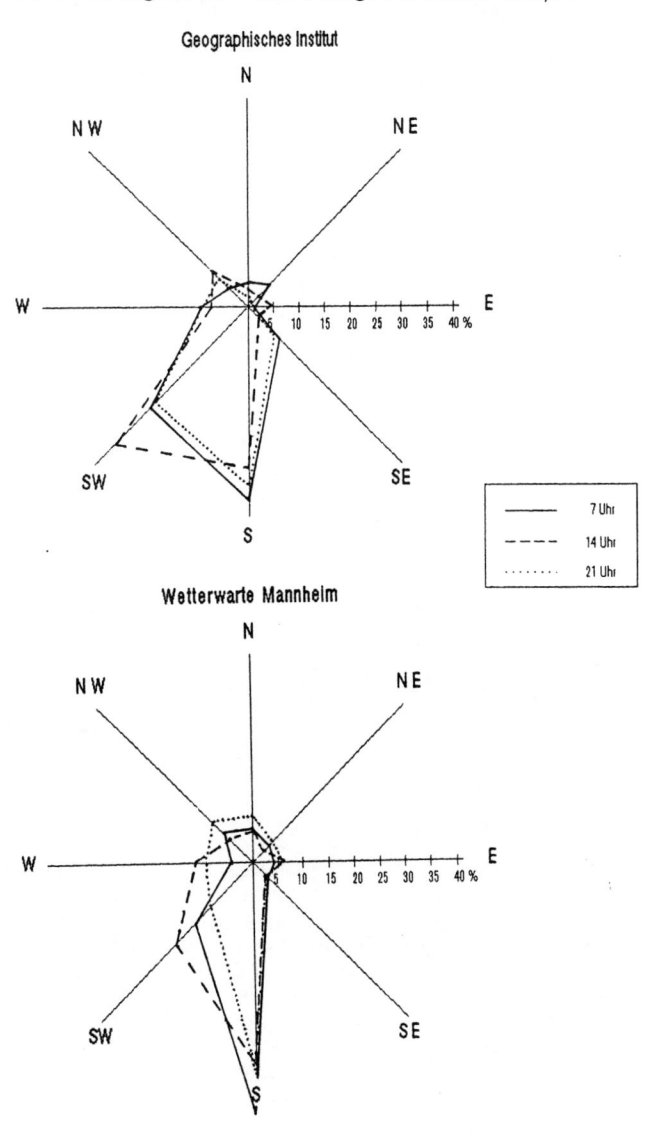

Bei den Häufigkeitsverteilungen der Windrichtungen ist am Geographischen Institut zu allen drei Ableseterminen ein Maximum bei süd- (zwischen 31% am 14 Uhr Termin und 37% um 7 Uhr) bis südwestlichen Richtungen (Maximum am 14 Uhr Termin mit 37%) zu erkennen (vgl. Abb. 15). Alle übrigen Windrichtungen spielten nur eine untergeordnete Rolle (unter 10%). Ähnlich stellten sich die Ergebnisse an der Wetterwarte dar, wobei die Winde aus südlichen Richtungen hier eine noch dominierendere Rolle (zwischen 38% um 14 Uhr und 48% um 7 Uhr) spielten. Bereits mit deutlichem Abstand folgten Südwestwinde (zwischen 12,2% um 21 Uhr und 21,1% um 14 Uhr) sowie Nordwestwinde.

2.5.4. Frühling 1989

Im Frühjahr 1989 war die Hochdruckbrücke über Mitteleuropa (BM) mit 20 Tagen häufigste Wetterlage, gefolgt von der zyklonalen Westlage (WZ/16 Tage) und einem Trog über Westeuropa (TRW/15 Tage). Wenn auch nicht in der Reihenfolge wie von FRANKENBERG (1988) für den Zeitraum 1970 bis 1985 ermittelt (WZ vor TRW und BM), so dominierten die drei vorherrschenden Frühjahrs-Großwetterlagen doch ebenfalls während des Untersuchungszeitraumes 1989. Insgesamt waren zehn Wetterlagen (vgl. Abb. 16) am Witterungsgepräge des Frühjahres 1989 beteiligt.

Abb. 16: Häufigkeit der Großwetterlagen im Frühling 1989

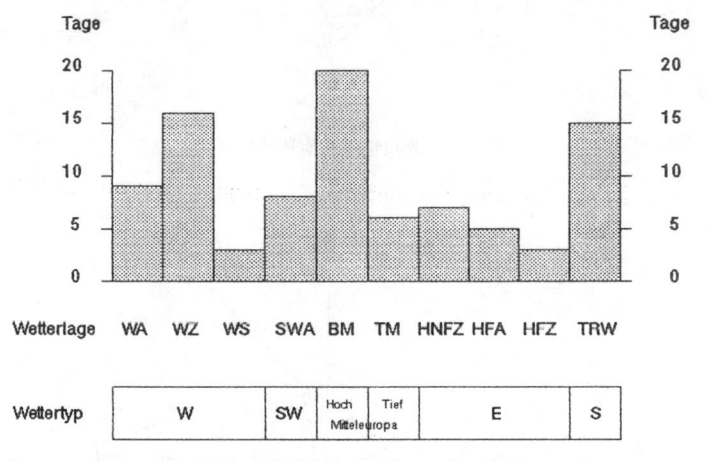

Vergleicht man die langjährigen Mitteltemperaturen der Wetterwarte Mannheim mit den Werten des Jahres 1989 wird deutlich, daß die Monate März und Mai als zu warm in die Annalen eingehen werden. Den gravierendsten "Wärmeüberschuß" gab es dabei im März zu verzeichnen, der mit 9,0°C um 3,1°C über dem für den Zeitraum 1951 bis 1980 errechneten Mittelwert lag, im Mai (16,8°C) wurde eine Mitteltemperaturabweichung von +2,4°C errechnet. Der April dagegen lag mit einem Temperaturmittel von 8,6°C um 1,4°C unter dem langjährigen Mittel (10,0°C).

Während die zyklonale Westlage im Frühjahr etwa die "normalen" Mitteltemperaturen ausbildet, bedingen vor allem SWA-, TRW- und BM-Einfluß positive Temperaturanomalien, die in der Quadratestadt teilweise beträchtlich ausfallen können. Vor allem Luftmassenzufuhr aus südlicher Richtung erzeugt im Frühjahr einen besonders signifikanten Wärmeüberschuß, der noch verstärkt wird, wenn sie mit antizyklonaler Witterung verknüpft ist und damit mit einer positiven Strahlungsbilanz kombiniert wird (vgl. FRANKENBERG 1988).

So dürfte die prägnant positive Abweichung des Temperaturmittels im März ursächlich auf den acht Tage andauernden SWA-Einfluß zurückzuführen sein, ist es nach HESS/BREZOWSKY (1977) während dieses Großwetterlagentyps doch zu allen Jahreszeiten wärmer als normal. Das höhere Mai-Temperaturmittel wurde dagegen in erster Linie durch die 20 Tage wetterbestimmende Hochdruckbrücke über Mitteleuropa hervorgerufen, die vor allem im Sommer für recht warmes Wetter garantiert und dies mit Werten bis 29,2°C bereits im meteorologisch noch dem Frühjahr zugeordneten "Wonnemonat" Mai unterstrich.

Daß es dagegen im April deutlich kälter als im langjährigen Mittel war, ging auf das Konto eines Tiefs über Mitteleuropa (TM), das an sechs Tagen für niedrige Temperaturen sorgte. Kühles und regnerisches Wetter brachte ferner das zyklonale Hoch über Nordmeer-Fennoskandien (HNFZ), das während der ersten sieben April-Tage für das Witterungsgepräge verantwortlich zeichnete.

Bevor nachfolgend wiederum die einzelnen Klimaelemente näher betrachtet werden sollen, muß an dieser Stelle angemerkt werden, daß ab März 1989 neben den bisherigen fünf Meßstandorten Dahlberghaus, Geographisches Institut, Stadtgärtnerei, Waldhof und Wetterwarte Vogelstang weitere Thermohygrographen in der Gartenstadt, Neckarstadt und Almenhof installiert, und somit das Meßnetz nochmals erweitert werden konnte.

Frosttage traten im Frühjahr 1989 nur noch sehr vereinzelt auf. So sank das Thermometer während WZ-Einfluß an der Stadtgärtnerei einmal unter Null Grad, bei der antizyklonalen Westlage (WA) wurden an der Stadtgärtnerei und der Gartenstadt jeweils drei, an der Wetterwarte ein Frosttag registriert.

Abb. 17: Häufigkeit von Frosttagen während der Großwetterlagen im Frühling 1989

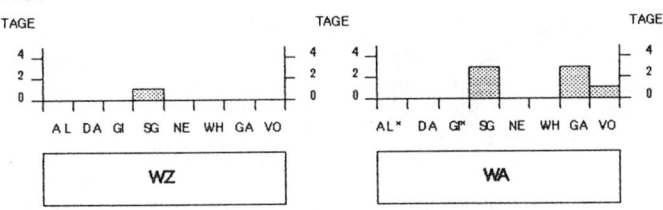

Die niedrigsten Temperaturen des Quartals wurden am 19. März bei antizyklonaler Westlage (WA) gemessen. Sie pendelten zwischen -2,2°C an der Stadtgärtnerei und +3,8°C am Dahlberghaus. Frost gab es ferner mit -1,8°C an der Wetterwarte und der Gartenstadt (-1,2°C). In Waldhof (+0,4°C), der Neckarstadt und am Geographischen Institut (jeweils +0,5°C) blieb es frostfrei.

Häufig waren dagegen bereits Sommertage zu verzeichnen. Schon am 28. März 1989 wurden an vier der acht Meßstellen 25°C erreicht beziehungsweise überschritten. Mit 27,5°C (!) wurde am Dahlberghaus der Spitzenwert an diesem Tag registriert. Nur unwesentlich dahinter rangierte Waldhof (27,2°C). Erste Sommertage wurden an diesem 28. März ferner an der Wetterwarte mit 26,1°C sowie in der Neckarstadt mit 25,0°C beobachtet. Nach eintägigem leichten Temperaturrückgang stellten sich an den letzten beiden Märztagen bereits die nächsten Sommertage ein.

Abb. 18: Häufigkeit von Sommertagen während der Großwetterlagen im Frühling 1989

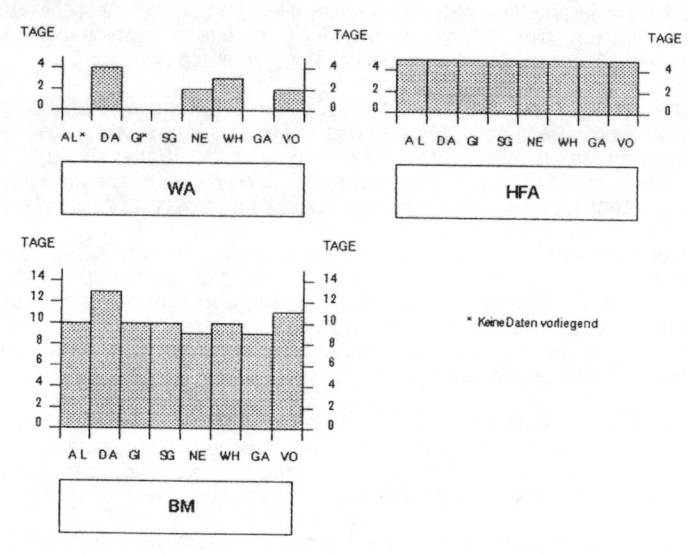

* Keine Daten vorliegend

Zweimal (30./31.03.) kletterte das Thermometer dabei erneut am Dahlberghaus und in Waldhof über die 25 Grad-Marke, an der Wetterwarte und in der Neckarstadt war ein Sommertag (31.03.) zu verzeichnen. An den Stationen Geographisches Institut, Stadtgärtnerei, Gartenstadt und Almenhof traten indes noch keine Sommertage auf. Hier pendelten die Höchstwerte am Monatsende um 24 Grad.

Durch den kühlen April - die höchsten Tagestemperaturen wurden am 11.04 bei TRW-Einfluß zwischen 18,8°C am Geographischen Institut und 22,0°C am Dahlberghaus gemessen -, ließen weitere Tage mit einem Temperaturmaximum von 25 Grad oder darüber bis zum 4. Mai auf sich warten. Mit 25,1°C steht an diesem Termin für das Dahlberghaus dann der dritte Sommertag des Jahres 1989 zu Buche, während das Thermometer an den übrigen Meßstandorten noch unter dem "Schwellenwert" von 25°C blieb. Einen Tag später wurden dann immerhin an sechs Stationen sommerliche Höchsttemperturen erreicht: Dahlberghaus (25,7°C), Wetterwarte (25,3°C), Waldhof, Stadtgärtnerei Neckarstadt und Almenhof jeweils 25,0°C.

Vom 10. bis 14. Mai verhinderte WZ-Einfluß zwischenzeitlich weiteren Temperaturanstieg, ehe sich dann bis zum Monatsende bei BM- und HFA-Lage eine langanhaltende Schönwetterperiode mit fast schon sommerlichen Höchstwerten einstellte. Dabei wurden im Zeitraum vom 16. bis 30. Mai am Dahlberghaus 15 Sommertage beobachtet. Ein Tag weniger war es an der Wetterwarte, auf 13 Tage kamen die Stadtgärtnerei, Waldhof, Almenhof und die Gartenstadt gefolgt von der Neckarstadt (12) und dem Geographischen Institut (8), wobei an dieser Station vom 26. bis 30. Mai ein Ausfall des Thermohygrographen zu beklagen war. Es kann jedoch davon ausgegangen werden, daß in dieser Zeitspanne auch am Geographischen Institut - wie an allen übrigen Meßstandorten - noch vier Sommertage auftraten, womit sich die Gesamtzahl ebenfalls auf 12 erhöhen würde.

Als wärmster Tag des Frühjahrs 1989 geht mit einer Ausnahme der 26. Mai in die Statistik ein. Bei nur minimalen Differenzen zwischen den einzelnen Meßstationen rangierte Almenhof mit 29,2°C knapp vor der Gartenstadt und dem Dahlberghaus (29,1°C), Waldhof (29,0°C), der Stadtgärtnerei (28,9°C), der Wetterwarte (28,5°C) und der Neckarstadt (28,2°C). Einzig am Dahlberghaus wurde bereits am 24.05.89 mit 29,7°C eine höhere Maximumtemperatur aufgezeichnet.

Insgesamt wurden im Frühjahr 1989 zwischen 21 (Dahlberghaus) und 14 (Gartenstadt) Sommertage notiert (vgl. Abb. 18). Auf 18 Tage kamen Waldhof und die Wetterwarte. Weiter folgten die Neckarstadt (16) und das "Trio" Stadtgärtnerei, Almenhof und Geographisches Institut mit jeweils 15 Tagen. Bei letztgenannter Station muß allerdings der vorübergehende Meßgeräteausfall ins Kalkül gezogen werden. Realistischer scheint die Zahl von 19 Sommertagen am Geographischen Institut.

Die meisten Sommertage bescherte die Hochdruckbrücke über Mitteleuropa, gefolgt vom Hoch über Fennoskandien (antizyklonal) und der antizyklonalen Westlage. Bemerkenswert ist in diesem Zusammenhang, daß während des fünftägigen HFA-Einflusses (Hoch Fennoskandien, antizyklonal) an allen Stationen fünf Sommertage beobachtet wurden.

Betrachtet man die Temperaturdifferenzen zwischen den Meßstandorten fällt erneut auf, daß die Abweichungen bei den Maxima am geringsten, bei den Minima am markantesten ausfielen. So pendelten die Unterschiede bei den durchschnittlichen Maximumwerten je nach Wetterlage zwischen 1,68°C (BM) und 3,88°C (HNFZ). Besonders gering divergierten kälteste und wärmste Station bei BM-Einfluß und allen Westlagen. Beim Hoch über Nordmeer-Fennoskandien (HNFZ), dem Tief über Mitteleuropa (TM/3,63°C), der antizyklonalen Südwestlage (SWA/3,15°C) und dem überwiegend antizyklonalen Hoch über Fennoskandien (HFA/3,06°C) waren die Unterschiede am gravierendsten.

Beträchtliche Abweichungen ergaben sich bei den durchschnittlichen Minimumtemperaturen. Extreme Minima im Bereich der Stadtgärtnerei und der Gartenstadt bei BM-, HFA- und WA-Einfluß hatten besonders hohe Amplituden im Vergleich zwischen den Stationen zur Folge. Sie bewegten sich bei den drei genannten Wetterlagen zwischen 6,34°C (HFA) und 7,10°C (BM). Doch auch bei den übrigen Großwetterlagen waren die Unterschiede bei den Minima markant und schwankten immerhin noch zwischen 4,27°C (HFZ/WZ) und 5,39°C (TRW). Einzig bei der südlichen Westlage (WS) stellen sich mit 2,13°C verhältnismäßig geringe Differenzen ein.

Diese Ergebnisse machen deutlich, daß besonders im Frühjahr (und im Herbst) die nächtliche Ausstrahlung in den Stadtrandbereichen zu stärkerer Abkühlung und somit in erster Linie bei antizyklonalen Lagen zu höheren Temperaturdifferenzen bei den Minima führt, als dies beispielsweise in den Wintermonaten der Fall war.

Belegt werden kann diese Feststellung anhand eines Fallbeispieles: So wurde am 2. Mai 1989 in der Innenstadt (Dahlberghaus) ein Tiefstwert von 10,8°C gemessen. An der bereits cityferneren Station Geographischen Institut (7,0°C) waren es schon 3,8 Grad weniger. Das Temperaturgefälle setzte sich dann in Richtung Stadtrand kontinuierlich fort: Neckarstadt (5,0°C), Waldhof (6,0°C), im südlichen Stadtteil Almenhof 4,5°C, und schließlich in der Gartenstadt und Vogelstang (Wetterwarte) 2,8°C. Trotz der vergleichsweise geringeren Entfernung zur Innenstadt kam auch die Stadtgärtnerei (durch das regelmäßig an diesem Standort zu beobachtende Phänomen der Kaltluftseenbildung) auf den gleichen Wert wie die peripheren Meßstationen Wetterwarte und Gartenstadt.

Bei den Mitteltemperaturen wurden die größten Unterschiede vorwiegend bei antizyklonalen Lagen (WA: 5,76°C / SWA: 5,41°C / BM: 4,50°C / HFA: 4,28°C) festgestellt. Die kleinsten Differenzen hatten folglich zyklonale Wetterlagen (WZ: 3,61°C / HNFZ: 3,93°C / HFZ: 3,90°C) zur Folge. In allen Fällen lagen die Abweichungen zwischen den für die Maximum- und Minimumwerte errechneten Differenzen.

Nach den bewölkungsreichen Wetterlagen im Herbst und Winter konnten im Frühjahr 1989 erstmals Wetterlagen mit auffällig geringem Bewölkungsgrad festgestellt werden. Mit einer mittleren täglichen Bewölkung von 0,7 Achteln rangierte HFA an der Spitze vor WA (2,0 Achtel) und BM mit durchschnittlich 2,3 Achteln. Parallelen zwischen Bewölkungsgrad, Auftrittswahrscheinlichkeit von Sommertagen und Niederschlagsmenge während der einzelnen Großwetterlagen sind dabei unübersehbar. Bei den vorstehend drei genannten bewölkungsarmen Lagen wurden nicht nur alle Sommertage verzeichnet, während ihres Einflusses fiel zugleich auch der geringste Niederschlag (0,2 mm bei WA / 10,0 mm bei BM). Niederschlagsfrei war als einzige die HFA-Lage.

Sowohl durch hohen Bewölkungsgrad wie Regenreichtum zeichneten sich drei Großwetterlagen aus: WZ, TM, HNFZ. So wurde bei Einwirkung des Tiefs über Mitteleuropa (TM) bei einem durchschnittlichen Bewölkungsgrad von 6,6 Achteln mit 44,6 mm die höchste Niederschlagsmenge verzeichnet. Trüb (7,0 Achtel) und regnerisch (39,5 mm) war es auch, als ein Hoch über Nordmeer-Fennoskandien (überwiegend zyklonal) und die zyklonale Westlage (6,5 Achtel / 29,3 mm) für das Witterungsgepräge verantwortlich zeichneten.

Abb. 19: Prozentuale Häufigkeit der Windrichtungen im Frühling 1989

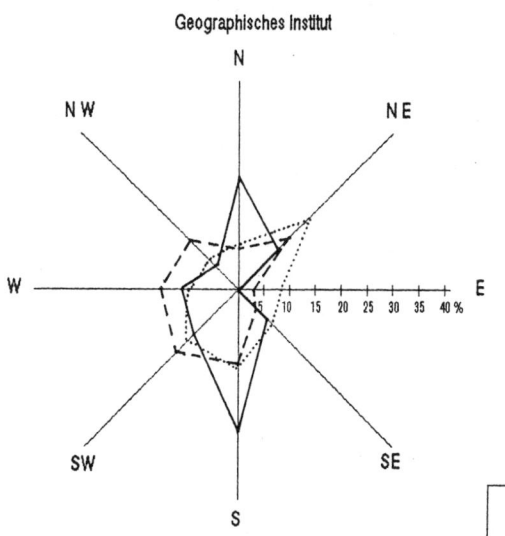

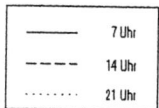

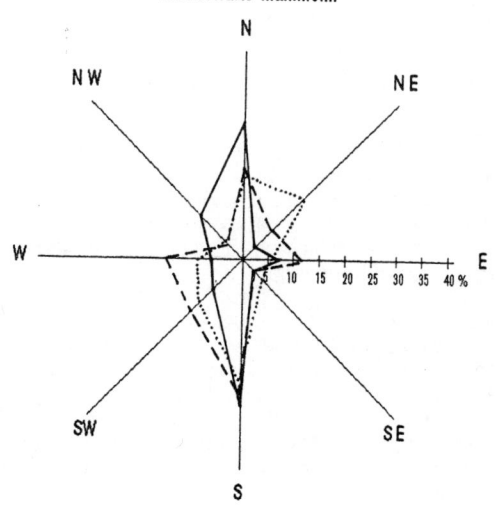

Diese wechselhaften Wetterlagen hatten auch die höchsten Windgeschwindigkeiten an den drei Meßterminen 7.00, 14.00 und 21.00 Uhr sowie die maximalen Windspitzen zur Folge. Spitzenreiter war WZ mit durchschnittlichen Windgeschwindigkeiten von 2,6/3,1 und 2,4 Beaufort am Geographischen Institut (Wetterwarte 3,1/3,5/2,8 Beaufort) an den drei Terminen. Die maximalen Windspitzen betrugen 20,0 m/s am Geographischen Institut beziehungsweise 19,1 m/s an der Wetterwarte.

Ähnlich hohe Spitzen wurden allerdings auch bei BM-Einfluß (Geographisches Institut 20,3 m/s; Wetterwarte 17,0 m/s) verzeichnet, obgleich die mittleren Windgeschwindigkeiten an den drei Meßterminen lediglich zwischen 1,4 und 2,3 Beaufort pendelten und damit deutlich geringer als bei WZ waren. Dies läßt darauf schließen, daß bei dieser Wetterlage Gewitter mit einzelnen Sturmböen auftraten.

Bei den Häufigkeitsverteilungen der Windrichtungen (vgl. Abb. 19) fällt bei der Wetterwarte ein prägnantes "Süd-Maximum" ins Auge. Registriert wurden dort auch häufig Winde aus nördlichen (N, NW, NE) Richtungen. Am Geographischen Institut dagegen ist keine so eindeutige "Rangfolge" zu erkennen. Zwar dominierte am 7.00 Uhr Ablesetermin auch hier mit 27,2% Süd vor Nord (20,6%), doch schon am Mittag sind die Verhältnisse weniger deutlich ausgeprägt. Um 14 Uhr liegen Winde aus Südwest (17,4%), West (15,2%), Nordost und Süd (jeweils 14,1%) sowie Nordwest 13,0% dicht beisammen. Diese Tendenz setzt sich auch am Abend fort. Mit einer Häufigkeit von 19,6% nehmen nun NE-Winde Rang eins vor S (15,2%) und SW (14,1%) ein.

Deutlich wird im Vergleich zur Wetterwarte erneut das häufigere Auftreten von SW-Winden am Geographischen Institut. Diese Beobachtungen sind im übrigen konform mit den Ergebnissen von FEZER/SEITZ (1977), die bei ihren Untersuchungen im Gebiet zwischen den Stadtzentren von Ludwigshafen und Mannheim neben S- und SSE-Winden in verstärktem Maße südwestliche Winde - gleichzeitig aber auch eine Abnahme des SW-Windes nach Osten - verzeichneten.

2.5.5. Sommer 1989

Die an sich häufigste Sommer-Großwetterlage WZ (zyklonale Westlage) mit einem Auftrittsmaximum von 23,5% im August (HESS/BREZOWSKY 1977) spielte während des Beobachtungszeitraumes 1989 lediglich eine untergeordnete Rolle, war WZ-Einfluß doch nur an vier Tagen für das Witterungsgepräge verantwortlich. An diesen Tagen führte WZ dann mit ihrem Export atlantischer Luftmassen zu kühlem Wetter, was sich auch daran widerspiegelt, daß einzig während dieser Großwetterlage kein Sommertag verzeichnet wurde.

Mit 20 Tagen avancierte die Hochdruckbrücke über Mitteleuropa (BM) zur häufigsten Wetterlage des Sommers 1989. Während BM-Einfluß Garant für recht warmes und trockenes Wetter war, zeichnete die mit 17 Tagen folgende zyklonale Nordwestlage für unbeständige und kühle Witterung (In allen Jahreszeiten zu kalt; HESS/BREZOWSKY 1977) verantwortlich. So bemerkte auch FRANKENBERG (1988), daß durch einströmende polare Luftmassen mit teilweise heftigem Schauerwetter bei NWZ-Einfluß im kurpfälzischen Rheingraben negative Temperaturanomalien an der Tagesordnung sind.

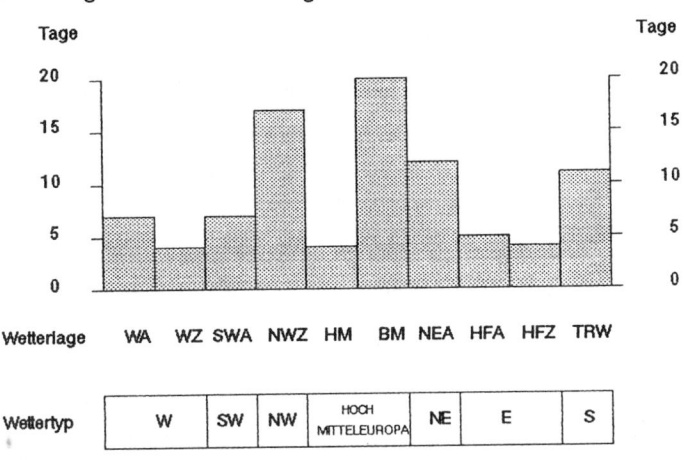

Abb. 20: Häufigkeit der Großwetterlagen im Sommer 1989

Wetterlage	WA	WZ	SWA	NWZ	HM	BM	NEA	HFA	HFZ	TRW
Wettertyp	W	SW	NW	HOCH MITTELEUROPA			NE	E		S

Warmes Wetter kennzeichnete die antizyklonale Nordostlage (NEA) als dritthäufigste Wetterlage (12 Tage). Dagegen brachte der an sich für schwül-warme Witterung sorgende Trog über Westeuropa (TRW/11 Tage) bei seinem Auftreten Anfang Juni relativ niedrige Temperaturen mit sich. Positiv beeinflußt wurden die Temperaturen dagegen wiederum von den Südwest- und West-Lagen antizyklonaler Prägung (SWA/WA), die jeweils sieben Tage auftraten.

Beim Blick auf die monatlichen Mitteltemperaturen (bezogen auf die Wetterwarte Mannheim) fällt auf, daß der Juni mit 17,3°C im Vergleich zum langjährigen Mittel um 0,4 Grad zu kalt ausfiel. Ursache hierfür dürfte der zu Monatsbeginn achttägige Einfluß eines Troges über Mitteleuropa (TRW) gewesen sein, der lediglich Tageshöchsttemperaturen von knapp über 20 Grad (22,2°C am 1.06. an der Wetterwarte) zur Folge hatte. Am 5. Juni wurden bei Werten zwischen 12,0°C in der Neckarstadt und 15,2°C am Dahlberghaus unter TRW-Einfluß nicht nur die niedrigsten Tagestemperaturen des Monats, sondern des gesamten Sommerquartales registriert. Unter SWA-, NEA- und BM-Einfluß wurde es dann aber bis zum Monatsende sommerlich warm, so daß sich die negative Abweichung vom langjährigen Mittel mit 0,4°C letztlich in Grenzen hielt.

Die Tatsache, daß die zyklonale Nordwestlage (NWZ) in allen Jahreszeiten zu niedrige Temperaturen verursacht (HESS/BREZOWSKY 1977), bestätigte sich auch im Sommer 1989 (Juli/August). 25 Grad wurden während des 17tägigen NWZ-Einflusses kaum erreicht oder überschritten. Daß die Monatsmittel im Juli (20,2°C) und August (19,2°C) dennoch um 0,9°C beziehungsweise 0,7°C über dem langjährigen Mittel (1951-1980) lagen, war auf die große Häufigkeit der antizyklonal bestimmten Hochdrucklagen zurückzuführen. Vor allem die Hochdruckbrücke über Mitteleuropa (BM) und die antizyklonale Südwestlage (SWA) kompensierten die Phasen kühler Witterung in diesen beiden Monaten und sorgten für längeranhaltende hochsommerliche Schönwetterperioden.

Abb. 21: Tagesgang der Temperatur am 16. August 1989

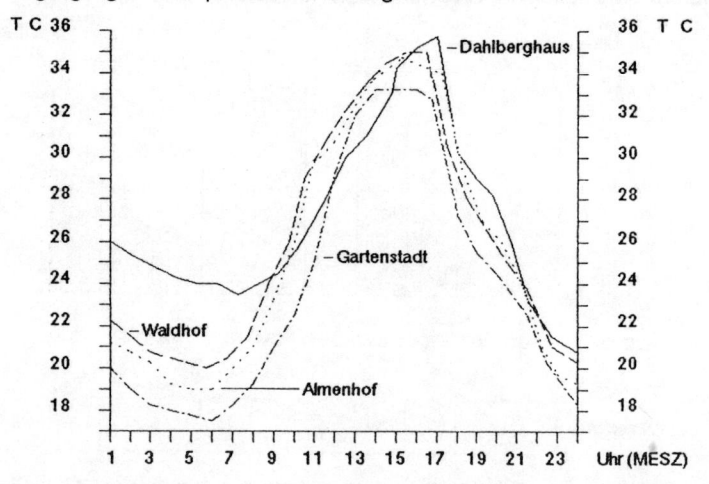

Abb. 22: Häufigkeit von Sommertagen (grau) und heißen Tagen (schraffiert) während der Großwetterlagen im Sommer 1989

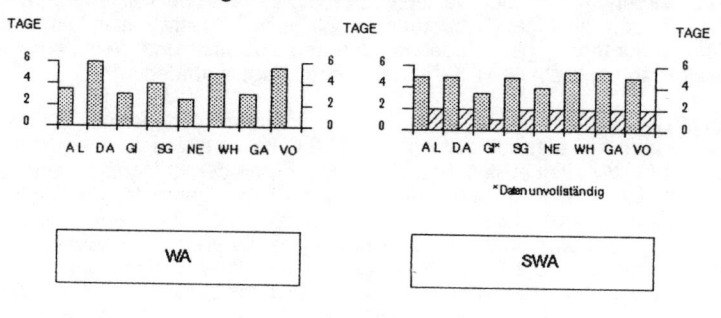

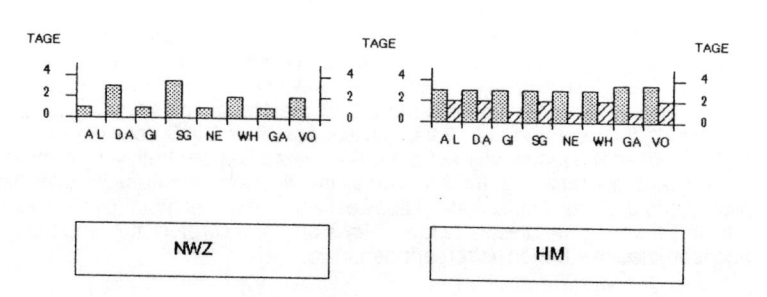

Die höchsten Temperaturen wurden am 16. August 1989 registriert (vgl. Abb. 21) und waren an das Auftreten der antizyklonalen Südwestlage (SWA) geknüpft. Am heißesten war es dabei an der Station Dahlberghaus mit 35,8°C. Während in Waldhof genau 35,0°C notiert werden konnten, blieben Almenhof (34,9°C), die Wetterwarte (34,6°C), Stadtgärtnerei (34,2°C) und die Neckarstadt (34,1°C) unter der 35 Grad-Marke. Lediglich 33,1°C waren es in der Gartenstadt und am Geographischen Institut.

Abb. 23: Häufigkeit von Sommertagen (grau) und heißen Tagen (schraffiert) während der Großwetterlagen im Sommer 1989

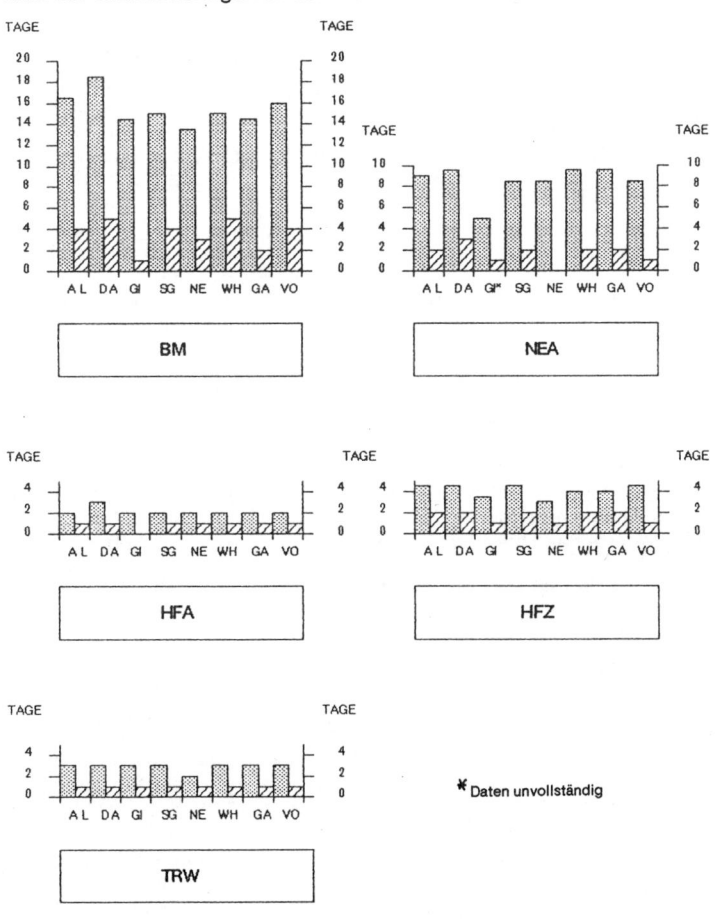

Kaum Abkühlung brachten an diesem 16. August auch die Nachtstunden, pendelten die Tiefstwerte doch immer noch zwischen 17,3°C an der Stadtgärtnerei und

20,9°C am Dahlberghaus. Über 20 Grad wurden ferner in Waldhof gemessen (20,1°C), 19,1°C waren es in Almenhof. An den restlichen Meßstellen lagen die Minimumwerte zwischen 18,1°C (Wetterwarte) und 17,7°C in der Gartenstadt.

Die tiefsten Minima wurden während TRW-Einfluß Anfang Juni notiert. Am 6. Juni sank die Temperatur dabei bis auf 4,6°C (Wetterwarte) ab. An der Stadtgärtnerei wurden in dieser kältesten Sommernacht 5,1°C registriert, im Industriegebiet in der Neckarstadt 5,8°C und in der Gartenstadt 5,9°C. Um ein Grad wärmer war es an den Stationen Geographisches Institut (6,8°C) beziehungsweise Almenhof (6,9°C), während in Waldhof mit 8,2°C und am Dahlberghaus mit 10,3°C deutlich höhere Werte aufgezeichnet wurden.

Beachtlich fiel die Bilanz bei den Sommertagen (Abb. 22 und 23) aus. 54 Mal wurde am Dahlberghaus eine Tageshöchsttemperatur von 25 Grad oder darüber gemessen, was bedeutet, daß an diesem Standort in den drei Monaten 59% aller Tage unter die Rubrik "Sommertag" fielen. Auf über 50% brachten es auch noch die Stadtgärtnerei, Waldhof und die Wetterwarte mit 48 Tagen (52%). Weiter folgten Almenhof (46 Tage/50%), Gartenstadt (44 Tage/48%), Neckarstadt (39 Tage/42%) und das Geographische Institut (37 Tage/40%).

Heiße Tage mit einem Temperaturmaximum von 30 Grad oder mehr konnten am Dahlberghaus 16, in Waldhof 15, der Stadtgärtnerei und in Almenhof 14, an der Wetterwarte zwölf, in der Gartenstadt elf, der Neckarstadt neun und schließlich am Geographischen Institut sechs gezählt werden (vgl. Abb.en 22 und 23).

Die meisten Sommertage wurden während der Wetterwirksamkeit der Hochdruckbrücke über Mitteleuropa (BM) registriert. Während des insgesamt 20tägigen Einflusses von BM waren zwischen 13 (Neckarstadt) und 18 Tage (Dahlberghaus) mit Maximumtemperaturen über 25 Grad zu beobachten. Auch die höchste Zahl an heißen Tagen (bis zu fünf) wurde während der BM-Lage notiert. An drei von vier Tagen mit HM-Einfluß (Hoch Mitteleuropa) wurde an allen acht Mannheimer Stationen Maximumtemperaturen über 25 Grad gemessen. An fünf der acht Meßstandorten kletterte das Thermometer dabei sogar an zwei Tagen über 30 Grad.

Immer noch mindestens an zwei Drittel aller Tage konnte bei WA-, NEA-, SWA-, und HFZ-Lage mit Sommertagen gerechnet werden. Mit niedrigeren Temperaturen mußte man dagegen während des Einflusses der zyklonalen Nordwestlage (NWZ) und des Troges über Westeuropa (TRW) vorliebnehmen. So wurden während des insgesamt elftägigen TRW-Einflusses lediglich drei (Neckarstadt zwei) Sommertage verzeichnet. Nicht viel besser fiel die Bilanz bei NWZ-Witterung aus: Bei 17 Tagen Wetterwirksamkeit der zyklonalen Nordwestlage sprangen lediglich zwischen drei (Dahlberghaus, Stadtgärtnerei) und einem Sommertag (Almenhof, Geographisches Institut, Neckarstadt, Gartenstadt) heraus. Die zyklonale Westlage (WZ) brachte allgemein keinen Tag mit einer Höchsttemperatur über 25 Grad.

Bei den Temperaturdifferenzen zwischen den einzelnen Meßstationen konnten die bereits gewonnenen Ergebnisse weiter untermauert werden: Auch im Sommer verteilen sich die Unterschiede der Maxima auf ein geringeres Spektrum als die Minima. So betragen die Differenzen bei den durchschnittlichen Maximumwerten je nach Wetterlage zwischen "kältester" und "wärmster" Station lediglich zwischen

1,55°C beim Hoch über Mitteleuropa (HM) und 3,67°C bei der zyklonalen Westlage (WZ). Läßt man die Station Dahlberghaus, die stets die höchsten Werte aufweist, einmal außer acht, fallen die Abweichungen zwischen den Meßstellen noch geringer aus. Sie betragen dann nur noch zwischen 2,64°C bei TRW-Einfluß und 1,10°C bei der antizyklonalen Westlage WA.

Abb. 24: Prozentuale Häufigkeit der Maximum- und Minimumdifferenzen zwischen den Stationen Dahlberghaus - Gartenstadt (schwarz) und Waldhof - Gartenstadt (grau) für den Zeitraum 1. Juni 1989 bis 31. August 1989

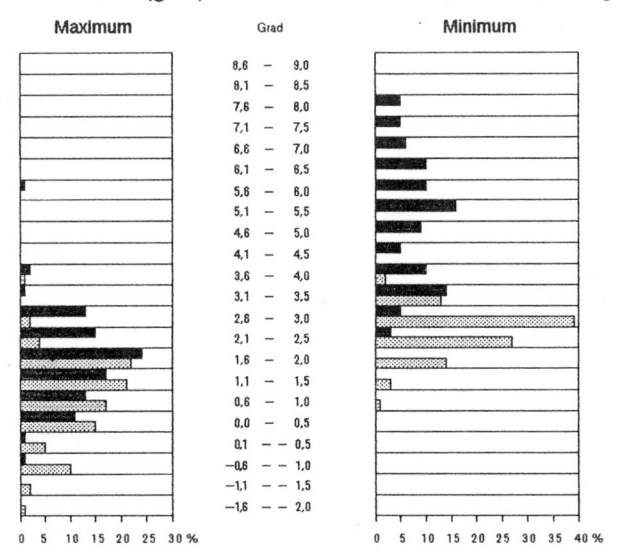

Ähnlich gravierend wie im Frühjahr sind die Abweichungen bei den durchschnittlichen Minimumtemperaturen. Sie betragen je nach Wetterlage zwischen 4,10°C (WZ) und 6,37°C beim Hoch über Mitteleuropa (HM). Diese großen Differenzen werden dabei ebenfalls durch die extrem hohen Minimumwerte am Dahlberghaus hervorgerufen.

Zieht man auch hier einmal einen Vergleich ohne das Dahlberghaus heran, fallen die Unterschiede doch erheblich niedriger aus. Sie betragen dann nur noch zwischen 3,92°C bei der antizyklonalen Nordostlage (NEA) und 1,90°C beim überwiegend zyklonalen Hoch über Fennoskandien (HFZ). Bei den bereits angeführten Wetterlagen WZ und HM verringern sich die Differenzen auf 2,62°C beziehungsweise 3,32°C und damit fast um die Hälfte.

Diese Beobachtungen verdeutlichen, daß sich im Sommer vor allem bei den Minimumwerten (verstärkt noch bei antizyklonalen Lagen) der Stadteffekt besonders auswirkt, wird im dichtbebauten Citybereich doch die Ventilation erheblich herabgesetzt und so die sich zunehmend stauende Wärme kaum noch ausgeräumt. Die hohen Werte am Dahlberghaus müssen allerdings auch mit besonderer

Vorsicht betrachtet werden, ist doch davon auszugehen, daß die Meßergebnisse gerade an diesem Standort in besonderem Maße von kleinklimatischen Besonderheiten beeinflußt werden.

Abb. 25: Prozentuale Häufigkeit der Maximum- und Minimumdifferenzen Dahlberghaus - Gartenstadt (1.6.89 - 31.7.89) bei zyklonalen und antizyklonalen Großwetterlagen

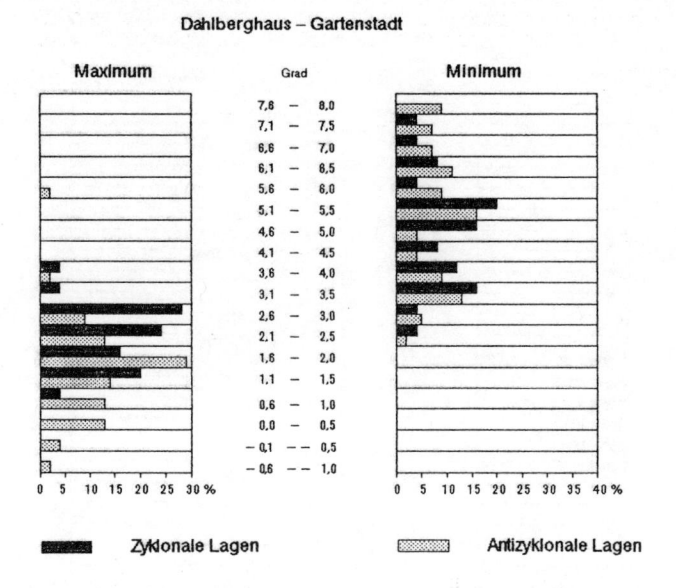

Dahlberghaus – Gartenstadt

Zyklonale Lagen   Antizyklonale Lagen

So dürften die Nachmittagstemperaturen durch Reflexion der Sonnenstrahlen an den Mauern der umliegenden Gebäude und der Glasfront des Dahlberghauses zusätzlich in die "Höhe getrieben" werden. Durch die zusätzliche Wärmeabgabe der Hauswände in den Nachtstunden und mangelnde Durchlüftung dürfte zudem auch die Tiefsttemperatur in allen Jahreszeiten, besonders aber im Sommer, verhältnismäßig hoch gehalten werden (vgl. ERIKSEN (1964).

Die Unterschiede bei den Mitteltemperaturen bewegten sich zwischen drei und vier Grad und waren damit wieder geringer als im Frühjahr. Sie lagen zugleich aber über den im Winter festgestellten Abweichungen.

Eng verknüpft mit der Auftrittshäufigkeit von Sommertagen ist der Grad der Bewölkung im Untersuchungszeitraum. So zeichneten sich in erster Linie die beiden warmen Hochdrucklagen BM und HM mit durchschnittlich 3,2 beziehungsweise 2,7 Achteln mittlerer täglicher Bewölkung als die bewölkungsärmsten Sommerwetterlagen aus. Ähnliche Verhältnisse wurden daneben während der antizyklonalen Südwest- (3,8 Achtel) sowie Nordost-Lage (NWA/3,9 Achtel) angetroffen. Bewölkungsreichste Wetterlagen waren WZ (zyklonale Westlage/6,3 Achtel) und HFA (Hoch Fennoskandien, antizyklonal/6,0 Achtel).

Allerdings waren die bewölkungsreichsten Großwetterlagen nicht zugleich die niederschlagsreichsten. Während bei WZ-Einfluß lediglich 7,4 mm und bei HFA 12,4 mm Niederschlag gemessen wurden, fielen bei Einfluß des überwiegend zyklonalen Hochs über Fennoskandien (HFZ) 56,9 mm, bei zyklonaler Nordwestlage (NWZ) 43 mm und beim Trog über Westeuropa (TRW) 40,2 mm Regen.

Abb. 26: Prozentuale Häufigkeit der Windrichtungen im Sommer 1989

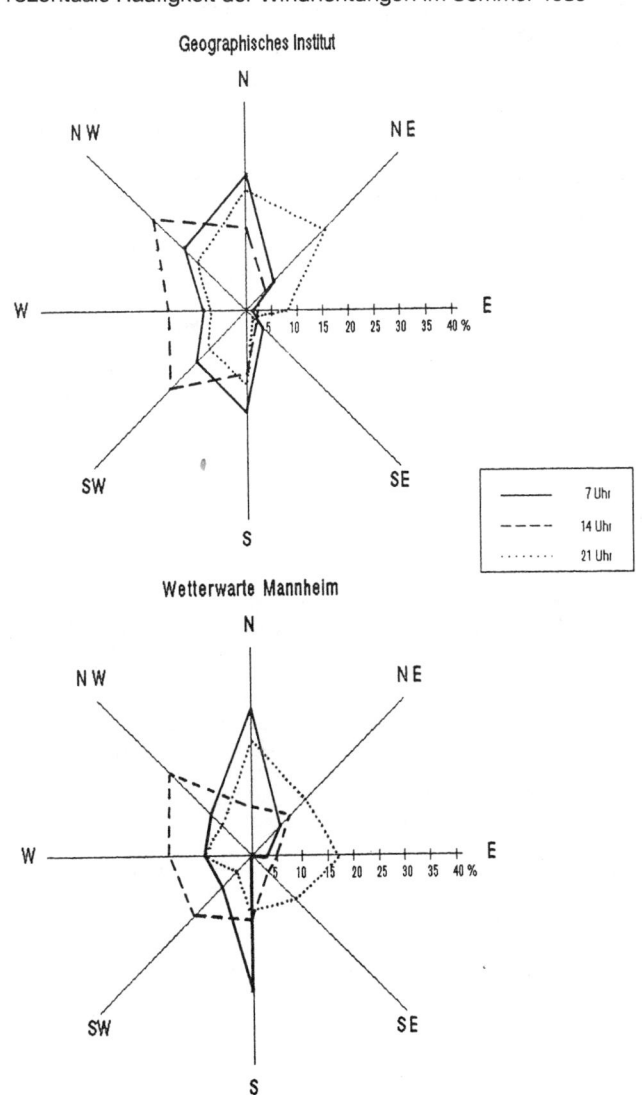

Die mittleren Windgeschwindigkeiten lagen an beiden Meßstationen allgemein etwas unter den Werten des Frühjahrs. Sie pendelten im Schnitt zwischen 1,5 und 2 Beaufort. Die höchsten Durchschnittsgeschwindigkeiten wurden unter TRW-Einfluß registriert, die niedrigsten während HM-Einfluß. Maximale Windspitzen von 24,9 m/s am Geographischen Institut und 19,6 m/s an der Wetterwarte waren an die Wirksamkeit der Hochdruckbrücke über Mitteleuropa (BM) geknüpft. Sie dürften ebenso wie die unter SWA- und TRW-Einfluß gemessenen hohen Windgeschwindigkeiten bis zu 19,9 m/s am Geographischen Institut und 18,5 m/s an der Wetterwarte auf Gewitterböen zurückzuführen sein.

Bei den Häufigkeitsverteilungen der Windrichtungen (vgl. Abb. 26) fällt an beiden Stationen eine Konzentration bei nördlichen Richtungen ins Auge. Dies ist nicht verwunderlich, bestimmten doch im Sommer schwerpunktmäßig Lagen der Großwettertypen Nordost (NEA) beziehungsweise Nordwest (NWZ) das Wettergeschehen. Auch während des 20tägigen BM-Einflusses und bei der HM-Lage dominierten an beiden Stationen N- bis NW-Winde.

Beim Trog über Westeuropa (TRW) und natürlich bei antizyklonaler Südwestlage (SWA) überwogen S- bis SW-Winde, wobei am Geographischen Institut erneut ein Schwerpunkt bei SW festzustellen war. Dagegen wurde am Geographischen Institut kaum Ostwind verzeichnet, der an der Wetterwarte im Gegensatz zum Frühjahr und Winter in dieser Untersuchungsperiode an Bedeutung gewann und beim 21 Uhr Ablesetermin mit 17,4% der Fälle hinter N (21,7%) immerhin zweithäufigste Windrichtung war. Dies dürfte nicht zuletzt auf die dort gebotene freie Einströmrichtung aus Osten zurückzuführen sein, während am Geographischen Institut Hochhausbauten bei Ostströmung als "Barriere" wirken und wohl eine Ablenkung des Windes zur Folge haben.

2.5.6. Herbst 1989

Dominierende Wetterlage des Herbstes 1989 war mit 20 Tagen BM (Hochdruckbrücke über Mitteleuropa), gefolgt von der antizyklonalen Südwestlage (SWA/13 Tage) und der zyklonalen Westlage (WZ). Diese an sich in den Herbstmonaten dominierende Westlage (FRANKENBERG 1988) spielte im Gegensatz zum Untersuchungszeitraum 1988, als 23 Fälle registriert wurden, in dieser Periode bei sechs Tagen Dauer nur eine unbedeutende Rolle. Einen Tag mehr (sieben) waren die zyklonale Nordwestlage (NWZ), ein Hoch über Mitteleuropa (HM) und ein Trog über Westeuropa (TRW) wetterbestimmend. Während BM, HM und NZ (zyklonale Nordlage/9 Tage) für die niedrigsten Temperaturen in den drei Herbstmonaten sorgten, bewirkten dem gegenüber die antizyklonale Südwest- und West-Lage (SWA/WA) bei ihrem Auftreten deutlich positive Temparaturanomalien.

Vor allem der September zeigte durch eine große Zahl von warmen, sonnenreichen und windschwachen Hochdrucklagen (BM, HB, SWA) seine besondere klimatische Gunst ("Altweibersommer"). So hatten diese drei aufgeführten Wetterlagen entweder durch die starke Einstrahlung (BM/HM) oder Luftmassentransport aus noch deutlich wärmeren Räumen (SWA) die höchsten Wärmegrade des Monats zur Folge. Entsprechend lag das monatliche Temperaturmittel mit 15,9°C um 0,8°C über dem langjährigen (1951-1980) Mittelwert von 15,1°C. Dieser Wärmeüberschuß muß dabei in erster Linie der antizyklonalen Südwestlage (SWA) zugeschrieben werden, die vom 16. bis 23.09.89 mit Temperaturen bis 30 Grad an allen Stationen die letzten Sommertage (zwischen sechs und sieben) des Jahres brachte. Deutlich kühler wurde es dann allerdings am Monatsende unter BM-Einfluß. Vor allem die Tiefstwerte sanken nun doch markant, teilweise bis auf drei Grad, ab.

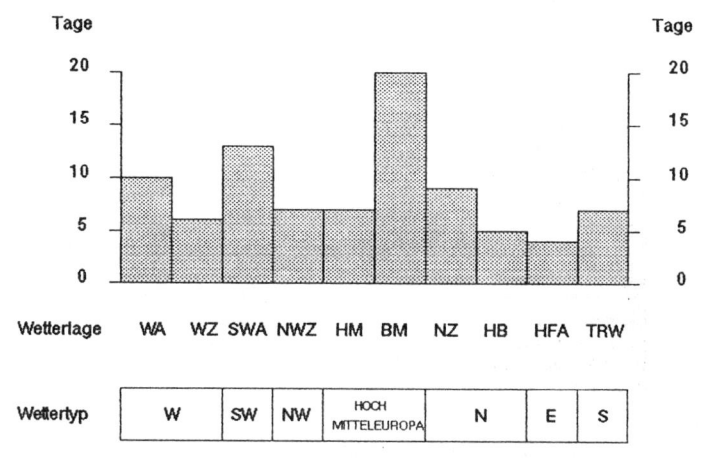

Abb. 27: Häufigkeit der Großwetterlagen im Herbst 1989

[Diagramm: Häufigkeit der Wetterlagen WA, WZ, SWA, NWZ, HM, BM, NZ, HB, HFA, TRW in Tagen]

[Tabelle Wettertyp: W | SW | NW | HOCH MITTELEUROPA | N | E | S]

Mit 11,5°C lag das Temperaturmittel im Oktober (genau wie im Vorjahr) um 1,5°C über dem 30jährigen Mittel von 10,0°C. Dabei zeichnete erneut die antizyklonale Südwestlage (SWA) für die, im Vergleich zum September nun noch markanteren, überhöhten Temperaturverhältnisse verantwortlich. So kletterte das Thermometer am 22.10. auf Werte zwischen 22,5°C (Geographisches Institut) und 26,1°C am Dahlberghaus und auch die Nächte blieben während des SWA-Einflusses bei Werten von teilweise deutlich über zehn Grad für diese Jahreszeit "zu mild". Hohe Temperaturen - bis 20 Grad - , brachte vom 24. bis 27.10. ferner die antizyklonale Westlage (WA) mit sich. Kühl war es lediglich, als die zyklonale Nordwestlage (NWZ) vom 6. bis 10. Oktober das Witterungsgepräge bestimmte.

Bei den Temperaturverhältnissen im November sind deutlich Parallelen zum Vorjahr erkennbar. In beiden Jahren lag das Monatsmittel unter dem 30jährigen Wert von 5,3°C. Allerdings fiel die negative Abweichung 1989 (3,3°C) noch signifikanter als im Vorjahr aus, als ein Monatsmittel von 4,1°C errechnet wurde.

Zurückzuführen ist dieser niedrigere Wert vor allem auf NZ-Einfluß (zyklonale Nordlage), der für die tiefsten Temperaturen des Herbstes verantwortlich zeichnete. "Negativer Höhepunkt" war dabei der 26. November, an dem zwischen -2,9°C am Dahlberghaus und -10,0°C an der Stadtgärtnerei registriert wurden. Zu der negativen Abweichung des Monatsmittels haben daneben die beiden langanhaltenden (insgesamt 12 Tage) Hochdrucklagen HM (Hoch über Mitteleuropa) und BM (Hochdruckbrücke über Mitteleuropa) beigetragen. Da bei wolkenlosem Hochdruckwetter im November bereits wieder die nächtliche Ausstrahlung überwog, wurden auch bei HM- und BM-Einfluß durchweg Nachtfröste bis zu -7,0°C (19.11) gemessen.

Abb. 28: Prozentuale Häufigkeit der Maximum- und Minimumdifferenzen zwischen den Stationen Dahlberghaus - Gartenstadt (grau) und Almenhof - Gartenstadt (schwarz) im November 1989

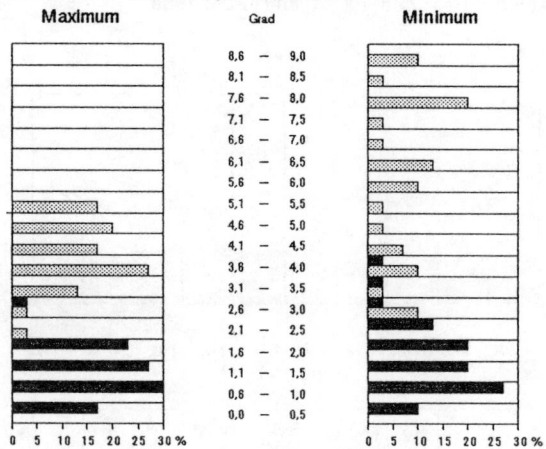

Die höchsten Temperaturen wurden, wie bereits erwähnt, bei SWA-Einfluß im September erreicht. Dabei kletterte das Thermometer am 18.09.89 bis 29,9°C (Waldhof). Nur unwesentlich darunter blieben die Werte am Dahlberghaus (29,7°C), der Wetterwarte (29,1°C) und Almenhof (29,0). Weiter folgten das Geographische Institut (28,4°C), die Stadtgärtnerei (28,2°C), Neckarstadt (28,0°C) sowie die Gartenstadt mit 27,8°C. Für kräftige Erwärmung sorgte die antizyklonale Südwestlage ebenfalls Ende Oktober, als am Dahlberghaus (25,6°C) und in Waldhof (26,1°C) sogar nochmals das Kriterium eines Sommertages erfüllt wurde. Mit Höchsttemperaturen zwischen 22,5°C (Geographisches Institut) und 24,3°C (Wetterwarte) war es aber auch an den übrigen Stationen für die bereits fortgeschrittene Jahreszeit erheblich zu warm.

Kein Wunder also, daß bei SWA-Einfluß auch der Großteil aller Sommertage (vgl. Abb. 29) des Herbstes verbucht wurden. Die Zahl pendelte dabei zwischen vier Tagen mit einem Temperaturmaximum über 25 Grad am Geographischen Institut und der Neckarstadt sowie sieben Tagen am Dahlberghaus. Jeweils sechs Sommertage konnten während der 13tägigen SWA-Perioden an den Meßstandorten Almenhof, Stadtgärtnerei, Waldhof und Wetterwarte beobachtet werden. Einen weiteren Sommertag (Ausnahme Geographisches Institut und Gartenstadt) bescherte die HFA-Lage (Hoch Fennoskandien, überwiegend antizyklonal). BM ließ das Thermometer an den beiden Meßstandorten Dahlberghaus beziehungsweise Waldhof noch an zwei weiteren Tagen über die 25-Grad-Marke klettern.

Wie schon im Vorjahreszeitraum wurden die tiefsten Temperaturen des Herbstes bei zyklonaler Nordlage (NZ) gemessen. Allerdings blieben die Maxima im Gegensatz zu 1988, als bei NZ-Einfluß zwischen einem und drei Eistagen beobachtet wurden, teilweise doch deutlich über dem Gefrierpunkt. Einzig die Meßstation Gartenstadt verzeichnete mit -0,3°C am 30. November einen Eistag - den einzigen des Herbstes an allen Stationen.

Abb. 29: Häufigkeit von Sommertagen während der Großwetterlagen im Herbst 1989

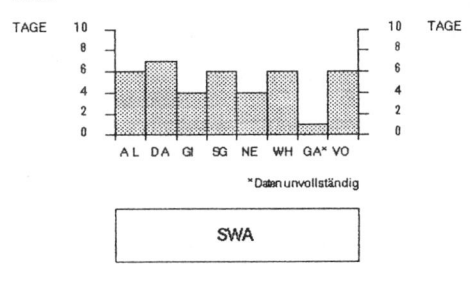

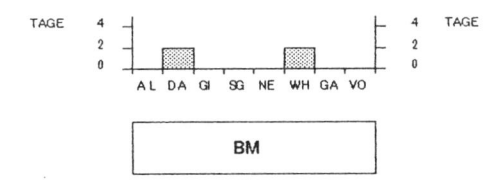

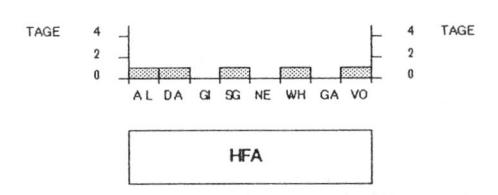

TAGE

AL DA GI SG NE WH GA* VO

*Daten unvollständig

SWA

AL DA GI SG NE WH GA VO

BM

AL DA GI SG NE WH GA VO

HFA

Die tiefsten Minima des Herbstes und, wie sich wieder herauskristallisieren sollte des gesamten Winters, traten am 26. November auf, der an allen Stationen als Frosttag in die Statistik eingegangen ist. Dabei wurden allerdings erhebliche Schwankungen beobachtet, bewegten sich die Tiefstwerte doch in einem breiten Spektrum zwischen -2,9°C (Dahlberghaus) und -10,0°C (Stadtgärtnerei). Dazwischen pendelten die Werte des Geographischen Institutes (-6,3°C), Almenhof (-6,9°C), Waldhof (-7,0°C), Neckarstadt (-7,7°C), Wetterwarte (-8,7°C) und der Gartenstadt (-9,2°C).

Es ist also ein deutlich ausgeprägtes zentral-peripheres Gefälle bei den Minima zu erkennen. Einzig der Wert der Stadtgärtnerei will dabei nicht so recht ins Bild passen, doch führte hier die bereits mehrfach angesprochene Muldenlage erneut zur Ausbildung eines "frost pockets". Kaltluftseenbildung im Bereich der Station Neckarstadt (Hof der Maschinenfabrik Gerberich) dürfte indes auch hier für die verhältnismäßig tiefen Minima verantwortlich sein, die in diesem Bereich eigentlich nicht in dieser Ausprägung erwartet wurden.

Die geringsten Unterschiede zwischen den Meßstationen wurden wiederum bei den Maximumtemperaturen beobachtet. Sie bewegten sich zwischen 2,68°C bei antizyklonaler Südwestlage (SWA) und 4,75°C bei zyklonaler Nordlage (NZ). Generell fällt auf, daß zyklonale Großwetterlagen größere Abweichungen bei den Maximumtemperaturen hervorrufen als antizyklonale. Läßt man die für ihre hohen Werte bekannte Station Dahlberghaus bei den Vergleichen wiederum außer acht, verringern sich die Unterschiede zwischen den Stationen mit höchstem und niedrigstem Maximummittel deutlich. Sie bewegen sich dann durchweg nur noch zwischen 2,10°C (SWA/HB) und 2,98°C (HFA).

Abb. 30: Häufigkeit von Frosttagen (grau) und Eistagen (schraffiert) während der Großwetterlagen im Herbst 1989

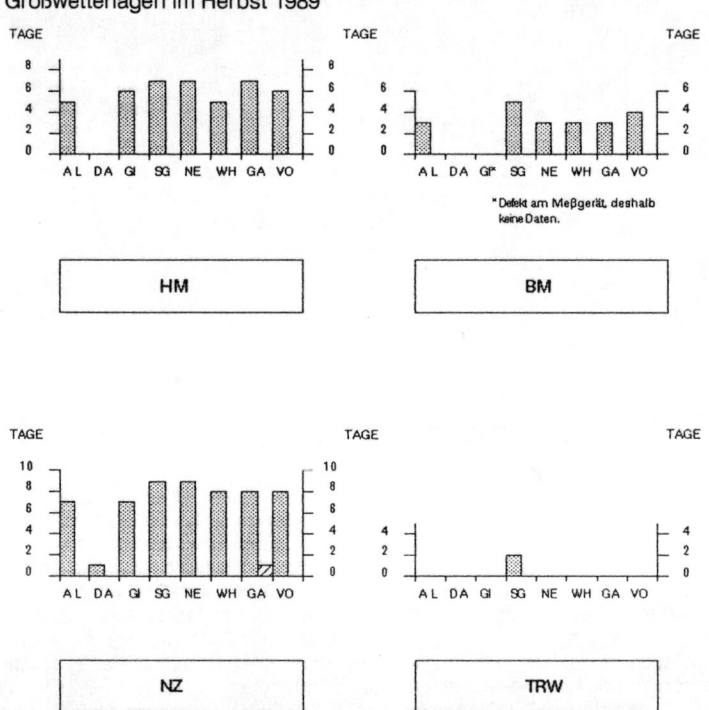

Markanter sind die Divergenzen bei den Minimumtemperaturen ausgeprägt. Sie übertreffen im Herbst auch wieder die Werte des Sommers deutlich und pendeln zwischen 4,67°C bei zyklonaler Westlage (WZ) und 7,54°C bei der zyklonalen

Nordlage (NZ). Allgemein gilt aber: Bei antizyklonal ausgeprägten Wetterlagen sind die Differenzen erheblich größer als bei zyklonalen. So verursachen auch HM (Hoch Mitteleuropa) mit 7,13°C, HB (Hoch über den Britischen Inseln) mit 6,86°C oder BM (Hochdruckbrücke über Mitteleuropa) mit 6,37°C bemerkenswerte Unterschiede. Diese großen Abweichungen ergeben sich wiederum durch die hohen Minimumtemperaturen am Standort Dahlberghaus. Beim Vergleich zwischen den übrigen Meßstandorten werden wie schon bei den Maximumwerten weitaus geringere Unterschiede erreicht.

Die größten Differenzen treten dann zwischen Geographischem Institut und der Stadtgärtnerei mit 3,52°C bei zyklonaler Nordlage beziehungsweise 3,21°C beim Hoch über Mitteleuropa auf. Bei allen übrigen Lagen betragen die Unterschiede zwischen kältestem (zumeist Stadtgärtnerei und Gartenstadt) und wärmsten Standort (Waldhof, Geographisches Institut) durchweg 2,6°C bis 2,8°C.

Auch bei den Mitteltemperaturen werden die größten Unterschiede vorwiegend bei Hochdrucklagen (HM/BM/HFA/HB) beobachtet. Kleinere Differenzen der Mitteltemperaturen ergeben sich entsprechend bei den zyklonalen Lagen (WZ/NWZ). Aus dem Rahmen fällt einzig die zyklonale Nordlage (NZ), die auch bei den Mitteltemperaturen nach HM die größten Differenzen zur Folge hat.

Tage mit einer Schneedecke wurden im Gegensatz zum Vorjahr während des Herbstes 1989 nicht beobachtet. Lediglich am 22., 24. und 27. November vermeldete die Wetterwarte Schneeregenschauer.

Im Vergleich zum Vorjahr war der Bewölkungsgrad bei den Wetterlagen durchweg geringer. Mit einer mittleren täglichen Bewölkung von 2,8 Achteln lag HM (Hoch über Mitteleuropa) wieder an der Spitze der bewölkungsarmen Schönwetterlagen des Herbstes. Nur unwesentlich höher war die durchschnittliche Bewölkung mit 3,4 Achteln bei WA-Einfluß (antizyklonale Westlage). Durchweg stark bewölkt bis bedeckt war es nur, als zyklonale Nordwest- (7,2 Achtel) und Westlage (7,1 Achtel) sowie TRW (Trog über Westeuropa/6,5 Achtel) den Untersuchungsraum beeinflußten.

Bei diesen drei Großwetterlagen wurden auch die höchsten Niederschläge gemessen: 40,4 mm bei zyklonaler Westlage (WZ), 29,8 mm bei zyklonaler Nordwestlage sowie 24,1 mm beim Trog über Westeuropa (TRW). Alle übrigen Lagen brachten nur geringe Niederschläge bis 2,9 mm (antizyklonale Westlage). Völlig niederschlagsfrei war es während der siebentägigen HM-Dauer.

Mit der zyklonalen Westlage (WZ) und der zyklonalen Nordwestlage (NWZ) waren auch die höchsten durchschnittlichen Windgeschwindigkeiten und maximalen Windspitzen verbunden. Sie erreichten bei WZ-Einfluß an der Wetterwarte, - Daten vom Geographischen Institut standen nach Blitzeinschlag und technischem Defekt am Schreiber ab September nicht mehr zur Verfügung - , bei 15,5 m/s beziehungsweise 12,4 m/s. Durch das großteils andauernde "ruhige Herbstwetter" wurden durchweg nur geringe Windgeschwindigkeiten und nur selten Böen über 10,0 m/s registriert.

**Geographisches Institut
der Universität Kiel
Neue Universität**

Häufigste Windrichtung war im Beobachtungszeitraum an der Wetterwarte Süd mit einem Anteil von 36% am 7 Uhr Ablesetermin. Mit 32% und 28,6% lag S aber auch an den Ableseterminen um 14 und 21 Uhr klar an der Spitze. In der Häufigkeitsverteilung folgten dann N, NE und NW.

2.5.7. Winter 1989/90

Daß der Winter 1989/90 noch milder als sein Vorgänger ausfiel verwundert beim Blick auf die wetterbestimmenden Großwetterlagen (vgl. Abb. 31) kaum. Mit der zyklonalen Westlage (WZ) und der sowohl zyklonal (SWZ) wie antizyklonal (SWA) ausgeprägten Südwestlage waren an 49 Tagen (54%) des Untersuchungszeitraumes Lagen für das Witterungsgepräge ausschlaggebend, die zum Teil markante positive Temperaturanomalien zur Folge haben. So verweist auch FRANKENBERG (1988) darauf, daß die Südwestlagen (SWA und SWZ) die höchsten positiven Temparturabweichungen des Winters im kurpfälzischen Oberrheingraben verursachen. Wenig winterliches Wetter war auch der häufigsten Winter-Großwetterlage WZ gemein, die mit 32 Tagen den "Löwenanteil" ausmachte.

Abb. 31: Häufigkeit von Großwetterlagen im Winter 1989/90

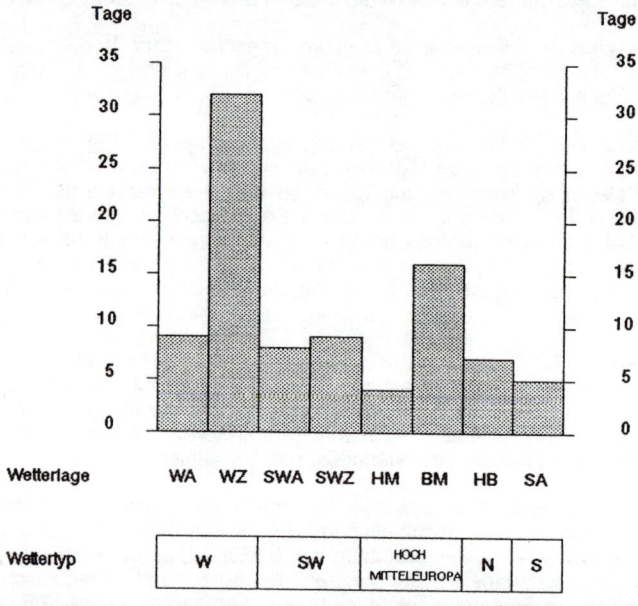

Wenigstens annähernd den Winter erahnen ließ die zweithäufigste Wetterlage in diesen drei Monaten, BM (Hochdruckbrücke über Mitteleuropa/16 Tage) sowie die beiden weiteren Hochdrucklagen HB (Hoch über den Britischen Inseln/7 Tage) und HM (Hoch über Mitteleuropa/4 Tage). Vereinzelte leichte Strahlungsfröste traten bei der antizyklonalen Westlage (WA/9 Tage) auf und bei der antizyklonalen Südlage (SA/5 Tage) blieben die Temperaturen bei Hochnebel zum Teil ganztägig unter Null Grad, doch änderte dies nichts daran, daß dieser Winter als einer der wärmsten in die Annalen eingehen wird.

Hielt sich der Wärmeüberschuß im Dezember (3,6°C) mit einem Plus von 1,4°C im Vergleich zum langjährigen Mittel (2,2°C) noch in Grenzen, wich der Januar (3,4°C) doch schon um 2,2°C vom 30jährigen (1951-1980) Mittelwert (1,2°C) ab und der Februar 1990 fiel schließlich mit dem um fünf Grad höheren Monatsmittel von 7,3°C völlig aus dem Rahmen. Ursache für diese drastische Abweichung war der während des gesamten Monats andauernde Einfluß der bereits eingangs erwähnten drei Lagen WZ, SWZ und SWA, die das Thermometer konstant über die Zehn-Grad-Marke klettern ließen (vgl. Tabelle 2).

Tab. 2: Häufigkeit von Tagen mit Maximumtemperaturen über 10, 15 und 20 Grad im Winter 1989/90

	AL	DA	GI	SG	NE	WH	GA	VO
Tage ≥ 20 Grad	-	2	-	-	-	1	-	1
Tage ≥ 15 Grad	8	17	8	8	8	10	6	10
Tage ≥ 10 Grad	30	47	30	27	28	35	27	36

So fielen unter SWA-Einfluß denn auch die Rekorde: Zunächst wurde am 20.02. der wärmste Februartag in der Region seit Beginn der meteorologischen Aufzeichnungen registriert, ehe vier Tage später - immer noch unter SWA - bereits neue "Höchstmarken" verzeichnet wurden. Von sich reden machte der Winter 1989/90 aber nicht nur angesichts der hohen Temperaturen. Im Gedächtnis bleiben werden die drei Monate auch wegen der in dieser Häufigkeit und Vehemenz bislang in der Rheinebene kaum bekannten Zahl an Stürmen, die teilweise schwerste Verwüstungen hinterließen.

Kennzeichnend für die drei Wintermonate waren immer wieder langanhaltende Phasen sehr milder, unbeständiger und stürmischer Witterung. So stellte sich nach kurzem "winterlichem Intermezzo" unter HM- und BM-Einfluß zu Beginn des Dezembers bereits nach zwölf Tagen zyklonale Westlage (WZ) und damit die erste, bis Heiligabend andauernde, Periode mit hohen Temperaturen ein. Spitzenwerte bis 18,0°C am Dahlberghaus wurden am 16.12. gemessen. Doch auch an den anderen Stationen waren die Tagestemperaturen alles andere als winterlich: 16,5°C an der Wetterwarte, 16,0°C in Waldhof und Almenhof, 15,9°C am Geographischen Institut, 15,4°C an der Stadtgärtnerei, 15,2°C in der Neckarstadt sowie 15,1°C in der Gartenstadt.

Nach kälterem, meist zu Hochnebel neigendem Wetter (BM) an den letzten Tagen des Jahres 1989 und den ersten zwei Januarwochen (SA/BM) ging es mit den Temperaturen erneut "aufwärts". Anfangs bei antizyklonaler Westlage (WA) zwar noch gebremst, unter WZ-, SWZ- und schließlich SWA-Einwirkung bis Ende Februar dann aber markant. Ein erster "Höhepunkt" wurde am 20. Februar erreicht, als der bis zu diesem Zeitpunkt wärmste Februartag in der Region seit Beginn der meteorologischen Aufzeichnungen registriert wurde. Im Mannheimer Stadtgebiet pendelten die Maxima dabei zwischen 17,0°C (Almenhof, Geographisches Institut) und 20,2°C am Dahlberghaus. Die Wetterwarte registrierte 19,5°C und lag damit knapp vor Waldhof (19,1°C). Weiter folgten Neckarstadt (18,1°C), Stadtgärtnerei (17,3°C) und Gartenstadt (17,2°C).

Abb. 32: Häufigkeit von Frosttagen (grau) und Eistagen (schraffiert) während der Großwetterlagen im Winter 1989/90

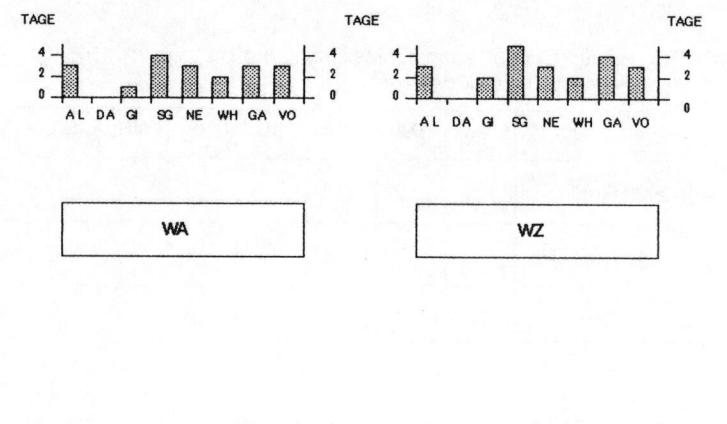

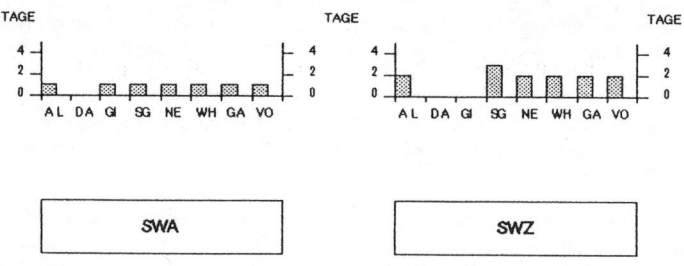

Auch an den darauffolgenden drei Tagen kletterten die Tageshöchstwerte durchweg über 15 Grad, ehe am 26. Februar ein weiterer "Wärmeschub" die gerade erst verzeichneten Rekorde nochmals übertraf. An diesem Tag wurden gleich an drei Meßstationen im Stadtgebiet Werte über 20 Grad gemessen. Neben dem Dahlberghaus (21,2°C) war dies in Waldhof (21,0°C) und der Wetterwarte (20,2°C) der Fall. Wärmer als am 24.02. war es aber auch in der Neckarstadt (19,4°C), Almenhof und der Stadtgärtnerei (19,0°C), am Geographischen Institut (18,8°C) und in der Gartenstadt mit 18,2°.

Die höchsten Minima des Winter wurden unter WZ-Einfluß am 21. Dezember beobachtet, als die Thermohygrographen an keinem Meßstandort Minimumwerte unter zehn Grad aufzeichneten.

Abb. 33: Häufigkeit von Frosttagen (grau) und Eistagen (schraffiert) während der Großwetterlagen im Winter 1989/90

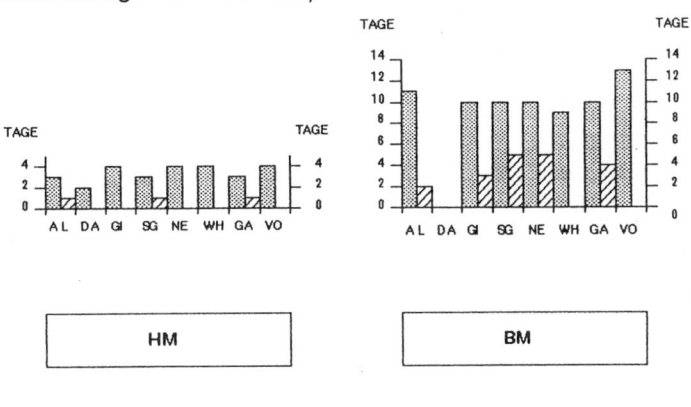

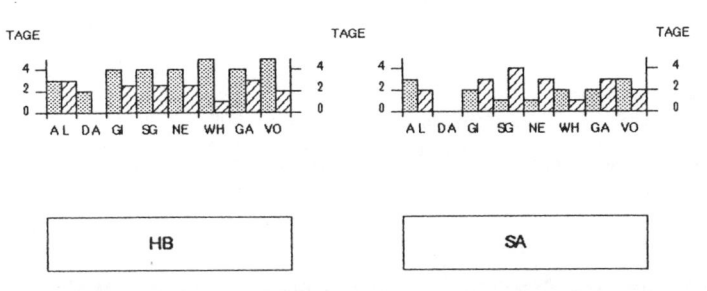

Fast schon die Ausnahme waren im Winter 1989/90 Frost- und Eistage. An der Spitze rangierte die Stadtgärtnerei mit insgesamt 44 Tagen (31 Frost-/13 Eistage), knapp vor der Gartenstadt mit 41 (30/11) und der Neckarstadt mit 39 (28/11) Tagen. Dichtauf lagen auch noch die Wetterwarte mit 38 Tagen (34/4), Almenhof 37 (29/8) und Geographisches Institut 33 (24/9), wobei an der Wetterwarte die deutlich geringere Zahl an Eistagen (bedingt durch ungehinderte Einstrahlung) auffällt. Lediglich 29 Tage (27/2) wurden in Waldhof beobachtet und nur an vier Tagen sank die Temperatur am Dahlberghaus unter Null Grad (kein Eistag), wo sich die Überwärmung der Innenstadt somit besonders deutlich bemerkbar machte.

Die höchste Anzahl an Frost- und Eistagen (vgl. Abb. 32 und 33) wurde bei den Lagen BM, HB, HM und SA festgestellt. So sanken die Temperaturen während der insgesamt 16tägigen BM-Andauer zwischen neun (Waldhof) und 15 Mal (Gartenstadt) unter Null Grad. Alle vier beziehungsweise sieben Tage mit HM- und HB-Einfluß waren ebenfalls Frost- oder Eistage, wobei selbst am Dahlberghaus bei diesen beiden Wetterlagen jeweils zwei Tage mit einem Temperaturminimum unter Null Grad auftraten. Ist bei HM- und HB-Einfluß angesichts des geringen Bewölkungsgrades von 1,3 beziehungsweise 5,5 Achteln ein Zusammenhang zwischen Ausstrahlung und tiefen Temperaturen erkennbar, sind die niedrigen Werte bei BM- und SA-Lage auf die teilweise ganztägig anhaltende zähe Nebel- und Hochnebel zurückzuführen.

Die niedrigsten Temperaturen des Winters wurden am 11. Dezember unter HB-Einfluß beobachtet, als nach einem kalten Tag - mit Ausnahme des Dahlberghauses an allen Meßstandorten Maxima unter dem Gefrierpunkt - , in der Nacht die Werte bis $-8,9°C$ (Gartenstadt) abfielen. Mit Ausnahme des Dahlberghauses ($-2,8°C$) bewegten sich die Tiefstwerte aller Stationen in einem relativ geringem Spektrum. So wurden an der Stadtgärtnerei $-8,8°C$, an der Wetterwarte $-8,3°C$ und der Neckarstadt $-7,8°C$ notiert. Etwas höher lagen die Werte am Geographischen Institut ($-7,0°C$), Waldhof ($-6,9°C$) und Almenhof ($-6,5°C$).

Bei den Vergleichen der Maximum-, Minimum- und Mitteltemperaturen zwischen den Meßstandorten wurden die bereits gesammelten Erfahrungen weitgehend bestätigt. Geringste Unterschiede wurden wiederum bei den Maximumtemperaturen beobachtet. Sie pendelten zwischen $3,0°C$ (SWA) und $4,5°C$ (HM), wobei sich die festgestellte markante Überwärmung der Innenstadt mit den hohen Werten am Dahlberghaus deutlich niederschlägt, liegen die Abweichungen zwischen kältestem und wärmstem Standort doch sonst nur zwischen $1,5°C$ (WZ) und $2,1°C$ (SWA).

Wie schon im Winter 1988/89 festgestellt, differieren die durchschnittlichen Minimumtemperaturen markant. Mit einem Unterschied von $8,34°C$ zwischen Dahlberghaus und Stadtgärtnerei während HM-Einfluß wurde zugleich die größte Abweichung während des gesamten 18monatigen Untersuchungszeitraumes festgestellt. Deutlich fielen die Differenzen aber auch bei der antizyklonalen Südwestlage (SWA) mit $7,34°C$ oder bei HB (Hoch über den Britischen Inseln/$6,46°C$) aus. Bestätigt hat sich ferner die Erfahrung, daß bei zyklonaler Westlage (WZ) meist die geringsten Abweichungen auftreten. In diesem Fall waren es $4,44°C$.

Auch bei der Gegenüberstellung der Stationen bei den Minimumtemperaturen reduzieren sich die Abweichungen drastisch, läßt man den Standort Dahlberghaus unberücksichtigt. Mit $4,47°C$ werden dann ebenfalls bei HM-Lage die größten, aber immerhin um annähernd vier Grad geringeren, Abweichungen beobachtet. Bei SWA-Einfluß sind es noch $3,98°C$ bei HB $2,37°C$ und bei WZ sogar nur noch $1,40°C$ Differenz zwischen den Standorten.

Die größten Unterschiede bei der Mitteltemperatur wurden vorwiegend bei den antizyklonalen Lagen (HM/SWA/HB) beobachtet. Sie lagen wieder zwischen den Abweichungen die sich bei den Maximum und Minimumwerten ergaben.

Durch geringe Bewölkung zeichnete sich, wie bereits angedeutet, die Hochdrucklage über Mitteleuropa (HM) aus. Mit einer durchschnittlichen Bewölkung von 1,3 Achteln lag HM bei diesem Vergleich vor SWA (antizyklonale Südwestlage/2,9 Achtel) und der zyklonalen Südwestlage (SWZ) mit durchschnittlich 4,6 Achteln. Der höchste Bewölkungsgrad (8,0 Achtel) wurde bei antizyklonaler Südlage (SA) beobachtet. 7,3 Achtel waren es bei der Hochdruckbrücke über Mitteleuropa (BM), jeweils 6,4 Achtel bei der zyklonal oder antizyklonal ausgeprägten Westlage (WZ/WA).

Bei den Niederschlagsmengen war die zyklonale Westlage (WZ) einsamer Spitzenreiter. 164,9 mm (!) betrug der während dieser Lage gemessene Niederschlag. Dies entsprach 91 % der gesamten, im Winter gefallenen Niederschlagsmenge. Nur 10,1 mm waren es bei antizyklonaler Westlage (WA), 2,9 mm bei antizyklonaler Südwestlage (SWA) und 2,0 mm bei zyklonaler Südwestlage (SWZ). Niederschlagsfrei blieb es bei SA- (antizyklonale Südlage) und HM- (Hoch Mitteleuropa) Einfluß.

Abb. 34: Prozentuale Häufigkeit der Maximum- und Minimumdifferenzen Dahlberghaus - Gartenstadt für den Zeitraum vom 1.12.89 bis 28.2.89

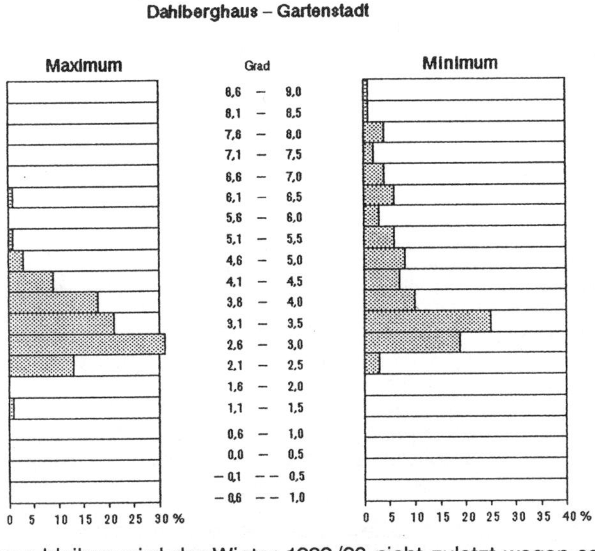

In Erinnerung bleiben wird der Winter 1989/90 nicht zuletzt wegen seiner zahlreichen schweren Stürme. So wurde im Januar und Februar 1990 an neun Tagen eine Windgeschwindigkeit über 20,7 m/s (Beaufort 7/Sturm) registriert. Sechs Tage entfielen dabei auf WZ-Lage, wobei die Spitzenböen bei 26,3 m/s (25.Januar) und 27,8 m/s am 27. Februar lagen. Bislang im Binnenland kaum beobachtete Dimensionen erreichte der am 3. Februar unter SWZ (zyklonale Südwestlage) tobende, orkanartige Sturm (Beaufort 11), mit einer maximalen Windspitze von 31,4 m/s, was etwa 115 Stundenkilometern entspricht.

Ganz normale Wetterlaunen oder mehr? - Sind die Häufung schwerer Stürme und die beobachteten hohen Temperaturen erste Anzeichen dafür, daß sich das Klima zu ändern beginnt? Noch sind die Ursachen dieser Serie schwerer Stürme bis zur Orkanstärke über Mitteleuropa bei den Wissenschaftlern umstritten, sind sich führende Wetterforscher uneinig, ob diese Häufung beispielsweise bereits eine Auswirkung der durch den Treibhauseffekt befürchteten "Klimakatastrophe" sind. Was momentan bleibt ist eine Reihe Fragen auf die es noch keine genauen Antworten gibt. Die nächsten Jahre müssen und werden es zeigen.

2.5.8. Zusammenfassung der Ergebnisse

Nach Auswertung aller, während des 18monatigen Untersuchungszeitraumes gewonnenen Daten, lassen sich abschließend folgende Ergebnisse festhalten:

1. Innenstadt-Stadtrand-Differenzen bei den Temperaturen traten bei allen Großwetterlagen auf. Sie fielen am geringsten bei den Maxima, am markantesten bei den Minima aus. Die städtische Überwärmung ist also vor allem auch ein Phänomen, das nachts auftritt.

2. Im Citybereich (Dahlberghaus) wurden jeweils die höchsten Temperaturen gemessen. So stellten sich vor allem im Frühjahr und Herbst gravierende Temperaturunterschiede zwischen City und Peripherie ein. Spitzenwert war die unter HM-Einfluß errechnete Differenz von 8,34°C bei der mittleren Minimumtemperatur zwischen Dahlberghaus und Gartenstadt.

3. Daß allerdings nicht von einer einkernigen Wärmeinsel ausgegangen werden kann zeigte sich unter anderem an den hohen Werten, die in Waldhof gemessen wurden. Dieser Standort ging als zweiter "Wärmepol" aus den Untersuchungen hervor.

4. Es stellte sich heraus, daß lokal auch signifikante Abweichungen im allgemein erhöhten Temperaturniveau der Stadt zu beobachten sind. Bevorzugt treten diese negativen Abweichungen nach ERIKSEN (1976) in Bereichen ausgedehnter Grünanlagen oder unbebauter Flächen auf. In Mannheim steht die Station an der Stadtgärtnerei repräsentativ für dieses Beispiel. Hier traten in den kalten Jahreszeiten bereits Fröste auf, als an den meisten anderen Meßstellen die Temperaturen noch deutlich über dem Gefrierpunkt lagen. Man spricht bei diesen Erscheinungen nach CHANDLER (1970) von "frost pockets", also von "Frostlöchern", die innerhalb der Wärmearchipele eingebettet sind.

5. Die Ausprägung der festgestellten Wärme- oder Kälteinseln innerhalb des Mannheimer Stadtbereiches wurde von drei Faktoren bestimmt: Der Tageszeit, Jahreszeit und vor allem von der herrschenden Witterung. Wie bereits angedeutet, waren die Abweichungen einerseits in den Nacht- und frühen Morgenstunden, des weiteren in den Übergangsjahreszeiten Herbst und Frühling sowie bei windschwachen, wolkenarmen antizyklonalen oder Hochdruckwetterlagen am deutlichsten ausgebildet. Es traf allerdings für Mannheim nicht zu, daß ausschließlich diese Wetterlagen die Ausprägung lokalklimatischer Unterschiede begünstigen, wie ERIKSEN (1976) behauptet.

6. Es muß festgehalten werden, daß die Unterschiede bei den Klimaelementen nicht derart gleichförmig auftraten, daß ein Element sich an einer Station stets höher oder niedriger als an einer anderen Meßstelle erwiesen hätte.

7. Bei der Wetterlagenanalyse wurde deutlich, daß antizyklonale Lagen meist für schwachwindigere, trockenere und niederschlagsärmere Witterung stehen, als zyklonale Lagen des gleichen Großwettertyps. Antizyklonale Lagen waren zugleich die Großwetterlagen, bei denen sich die Standortfaktoren am stärksten auf die lokalklimatischen Verhältnisse auswirkten und bei denen die Differenzen der Meßwerte im Vergleich verschiedener Stationen am größten waren.

8. Extrem milde Witterungsverhältnisse wurden im Winter durch die West- und Südwestlagen verursacht. Für besonders kaltes Wetter zeichneten die teils sonnenreichen, teils aber auch zu Nebel neigenden Hochdrucklagen HM, BM und HB verantwortlich. Im Sommer ging mit diesen Lagen sowie der antizyklonalen Südwest- und Westlage meist warme Witterung einher. Kühl war es dann beim Einfluß der zyklonalen West- oder Nordwestlage. In den Übergangsjahreszeiten sorgte besonders die antizyklonale Südwestlage für positive Temperaturanomalien. Kalt wurde es im Frühjahr oder Herbst als das Hoch über Nordmeer-Fennoskandien (Frühjahr) und besonders die zyklonale Nordlage (Herbst) wetterbestimmend waren.

9. Wie sich vor allem bei den kurzen Kälteperioden herausstellte, zehrte die Stadt mit ihrer höheren Wärmekapazität immer sehr lange von der gespeicherten Wärme. Sie reagierte träge auf Temperaturänderungen, was sich an deutlich abgeschwächten Temperaturkurven und der extrem niedrigen Zahl an Frost und Eistagen widerspiegelte.

Bei allen gewonnenen Ergebnissen darf allerdings eines nicht vergessen werden: Schon auf kürzesten Entfernungen können im Stadtgebiet große Temperaturunterschiede auftreten. Bereits minimale Standortveränderungen der Meßstellen hätten mit Sicherheit andere Ergebnisse, als die vorliegenden zur Folge, werden sich doch stets die in einer Stadt anzutreffenden unterschiedlichen Geländeverhältnisse (Relief, Bebauung, Vegetation) variierend auf die klimatischen Gegebenheiten auswirken und damit zugleich die Aussagekraft der Meßergebnisse einschränken. Es kann daher keinesfalls pauschal daraus geschlossen werden, daß die bei den Messungen an den einzelnen Stationen gewonnenen Ergebnisse stellvertretend für ein größeres Gebiet oder einen Stadtteil stehen. Sie geben nur die auf unmittelbare Umgebung des Hüttenstandortes zu übertragenden Bedingungen wider. An der Tatsache, daß sich je nach Wetterlage die innerstädtischen Differenzen mehr oder weniger deutlich herauskristallisieren, ändert dies freilich nichts.

3. Kleinräumige Messungen im Stadtgebiet bei einer sommerlichen und herbstlichen Hochdruckwetterlage

3.1. Beschreibung der ausgewählten Standorte

Um genauere Erkenntnisse über die mesoklimatischen Verhältnisse zu gewinnen, wurden am 9. September 1988 und 5. November 1988 an verschiedenen Standorten Messungen des Tagesganges der Lufttemperatur und Luftfeuchte durchgeführt.

Dazu wurden folgende Meßstandorte ausgewählt:

- Paradeplatz:
  Meßstandort im Herzen der Quadratestadt. Ganztägiger Besonnung ausgesetzt. Untergrund: Kopfsteinpflaster und Asphalt. Messungen mit einem Aspirationspsychrometer im 30-Minuten-Turnus.

- Straße zwischen den Quadraten M6/M7:
  Bedingt durch die mehrgeschossige (bis zu fünf Stockwerken) Bebauung erfuhr der Meßstandort nur kurze Besonnung etwa zwischen 14 und 17 Uhr (MESZ). Untergrund: Asphalt. Messungen jeweils zur vollen und halben Stunde mit dem Aspirationspsychrometer.

- Lauergärten:
  Meßpunkt in einer kleinen innerstädtischen Grünanlage, etwa 30 Meter westlich des Standortes M6/M7. Sonneneinstrahlung ab etwa 10 Uhr vormittags bis 19 Uhr (MESZ). Untergrund: Rasen. Auch hier Messungen alle 30 Minuten mit dem Aspirationspsychrometer.

- Lindenhof, Rheinpromenade im Bereich des Schloßgartens:
  Messungen auf einer Rasenfläche etwa 20 Meter vom Rhein entfernt. Ganztägige Sonneneinstrahlung. Messungen im 30-Minuten-Turnus mit dem Aspirationspsychrometer.

- Vogelstang, Wetterwarte:
  Stadtrandstation im Nordosten Mannheims. Untergrund: Rasen. Permanente Thermohygrographenaufzeichnung.

3.2. Tagesmeßgang am 9. September 1988

Am Tag der Messung herrschte eine Großwetterlage vom Typ HM. Die mittlere tägliche Bewölkung, bezogen auf die Wetterwarte betrug 1,3 Achtel der gesamten Himmelsfläche, es wurde eine Sonnenscheindauer von 11,9 Stunden verzeichnet. Die mittlere Windgeschwindigkeit betrug sowohl an der Wetterwarte wie bei der Meßstation am Geographischen Institut (L9) 1,3 Beaufort. Als maximale Windgeschwindigkeit wurden 5,5 m/sec (Geographisches Institut) beziehungsweise 6,2 m/sec bei der Wetterwarte notiert. Während dort keine einheitliche Windrichtung auszumachen war, wehte der Wind im Bereich des Geographischen Institutes während des gesamten Tages aus ENE.

Abbildung 35 zeigt den Tagesgang der Lufttemperatur an den vier ausgewählten Meßstandorten im Stadtbereich sowie als Ergänzung die an der Wetterwarte Vogelstang aufgezeichneten Werte. Wie die Abbildung verdeutlicht, liegen bei Aufnahme der Messungen die Werte an allen vier Stationen noch dicht beisammen. Von einem "Innenstadteffekt" (vgl. FRANKENBERG 1986, S. 86) der Meßstandorte Paradeplatz und M6/M7 vor allem gegenüber dem Standort Rheinpromenade ist zu Beginn der Messungen nichts zu spüren. Signifikant sind allerdings die Differenzen zur Wetterwarte. Hier wird das "Gefälle" zwischen Innenstadt- und Stadtrandstation deutlich erkennbar.

Markante Unterschiede innerhalb der Stationspaare im Stadtbereich treten erst gegen Mittag auf, bedingt durch die verschieden lang andauernde Schattlage der einzelnen Standorte. So wurden an der von Beginn der Messungen an besonnten Rheinpromenade zwischen 10.30 und etwa 14 Uhr MESZ die höchsten Werte registriert. Im weiteren Tagesverlauf stiegen die Temperaturen dort dann aber wesentlich langsamer bis zum Erreichen des Höchstwertes an - der zudem mit 24,2 °C ein Grad unter dem Höchstwert am Paradeplatz und 1,9 °C in M6/M7 blieb -, als dies bei den anderen Standorten der Fall war.

Obgleich der Einfluß von Wasserflächen auf die Temperaturverhältnisse in ihrer Umgebung nicht überschätzt werden sollten,- ihre Kühlwirkung ist an warmen Sommertagen teilweise nur wenige hundert Meter auf der windabgewandten Seite der Gewässer festzustellen (vgl. VAN EIMERN/HÄCKEL 1984, S. 39) -, dürfte in diesem Fall die Nähe des Rheines als "Ausgleichsfaktor" anzusehen sein, befand sich der Standort doch nur etwa 20 Meter vom Ufer und zudem auf der an diesem Tag windabgewandten Seite.

Abb. 35: Tagesgang der Lufttemperatur am 9. September 1988

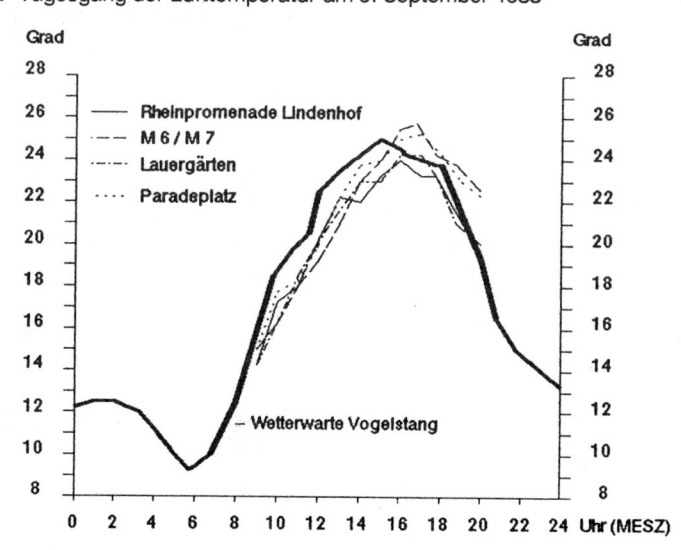

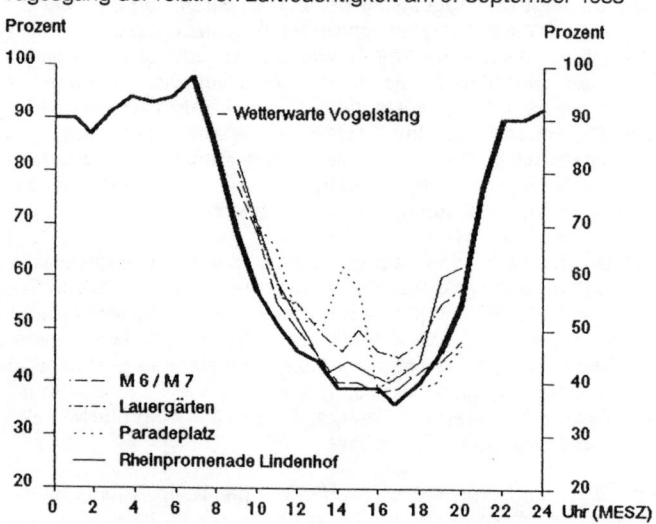

Abb. 36: Tagesgang der relativen Luftfeuchtigkeit am 9. September 1988

– Wetterwarte Vogelstang
– – – M 6 / M 7
– · – · Lauergärten
· · · · Paradeplatz
—— Rheinpromenade Lindenhof

Parallelen im Temperaturverlauf sind zwischen der Rheinpromenade und den Lauergärten erkennbar. Mit einem Höchstwert von 24,4 °C lag dort das Maximum nur unbedeutend über dem Höchstwert an der Rheinpromenade. Auffällig ist ferner der nahezu gleichförmig verlaufende abendliche Temperaturrückgang an beiden Stationen. Unter dem Gesichtspunkt stadtklimatischer Aspekte kommt dabei besonders den Verhältnissen am Standort Lauergärten Beachtung zu, wird anhand des Temperaturverlaufes doch die große Bedeutung innerstädtischer Grünanlagen zur Verbesserung der Lebensqualität im überhitzten, dichtbebauten und völlig versiegelten Innenstadtbereich deutlich. So betrug die Differenz zwischen den Lauergärten und dem nur etwa 30 Meter entfernten Standort M6/M7 (vgl. Abbildung 37) beim Maximum immerhin 1,7°C. Noch markanter war der Unterschied am Abend mit bis zu 2,8°C (19.30 Uhr MESZ).

Ähnlich fällt das Ergebnis beim Vergleich der Stationspaare Lauergärten-Paradeplatz aus: Den 24,4°C als Maximum in den Lauergärten stehen am Paradeplatz 25,2°C gegenüber, um 19.30 Uhr ist die Differenz zwischen den Lauergärten (20,2°C) und dem Paradeplatz (23,2°C) mit drei Grad sogar noch höher als zum Standort M6/M7. Bei näherer Betrachtung der Temperaturkurve des Paradeplatzes fällt weiter der sprunghafte Anstieg der Temperatur mit einsetzender Sonneneinstrahlung gegen 11.30 Uhr MESZ ins Auge. Mit 24,0°C wurde schließlich um 14 Uhr MESZ am Paradeplatz ein erstes Maximum verzeichnet, das gravierend über den Werten der übrigen Stationen lag.

Welche maßgeblichen Auswirkungen Insolation beziehungsweise Beschattungsverhältnisse auf den Tagesgang der Lufttemperatur haben, wurde zudem besonders am Meßstandort M6/M7 deutlich. Da der Meßpunkt bedingt durch die geringe Straßenbreite und die Höhe der Gebäude erstmals um 14 Uhr MESZ in der Sonne lag, blieb die Temperatur entsprechend hinter den Werten der anderen Standorte zurück. Die einsetzende Besonnung ließ sie jedoch rasch in die Höhe schnellen. Mit 26,1°C um 16.30 Uhr MESZ wurde in M6/M7 dann auch der höchste Wert dieses Tagesmeßganges registriert. Besonders auffällig: Dieser Höchstwert wurde zu einem Zeitpunkt gemessen, als die Temperaturkurven aller übrigen Standorte bereits wieder nach unten gingen. Erklärt werden kann dieses Phänomen damit, daß das Maximum im Bereich M6/M7 nicht zuletzt als Folge der Wärmeabstrahlung der eng beieinanderliegenden Hauszeilen (vgl. FRANKENBERG 1986, S. 89) hervorgerufen wird.

Abb. 37: Temperaturdifferenz M6/M7 - Lauergärten am 9. September 1988

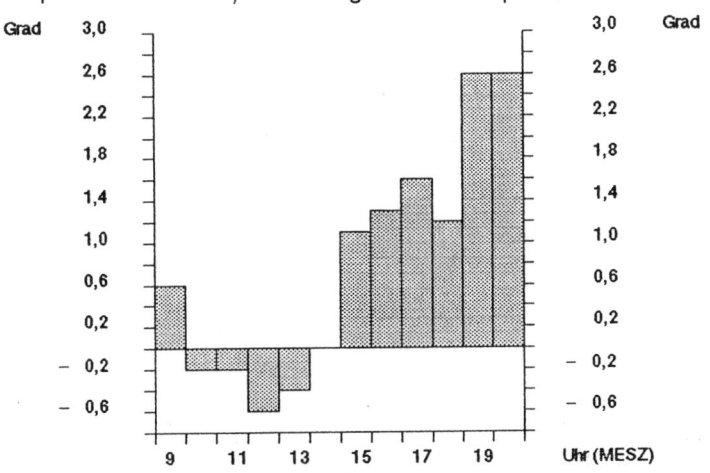

Wie nicht anders zu erwarten war, ist der Tagesgang der relativen Luftfeuchte weitgehend temperaturabhängig. Abbildung 36 macht deutlich, daß daraus ein umgekehrt proportionaler Verlauf zur Kurve der Lufttemperatur resultiert. Entsprechend sind an den tagsüber thermisch kühlsten Meßstandorten Rheinpromenade und Lauergärten die Luftfeuchtewerte höher als an den wärmeren Meßpunkten M6/M7 und Paradeplatz. Als niedrigste Werte des Tages waren am Paradeplatz 37%, bei M6/M7 38% zu verzeichnen. An der Rheinpromenade (42%) und in den Lauergärten (43%) wurde dagegen die 40 Prozent-Marke nicht unterschritten.

Maßgeblich beeinflußt wird die relative Luftfeuchte ferner von der jeweiligen Bodenbeschaffenheit am Meßstandort. Vegetationsarmut, weitgehend versiegelte Oberflächen im Zentralbereich der Städte in Verbindung mit raschem Abfluß des gefallenen Niederschlags in den Kanalsystemen reduzieren den Verdunstungsvorgang erheblich, und damit auch die relative und absolute Luftfeuchtigkeit (vgl. KUTTLER 1985). So stehen für die erste Messung am Morgen mit 82% (Rheinpromenade) beziehungsweise 80% (Lauergärten) an den Meßstandorten über Rasen - bedingt durch die Taubildungs- und Transpirationsprozesse im Boden, an der Rheinpromenade daneben zusätzlich durch die Nähe des Rheines -, deutlich höhere Werte zu Buche, als im asphaltierten Bereich M6/M7 (77%) oder über dem Pflaster des Paradeplatzes mit 72%.

Abb. 38: Temperaturdifferenz Paradeplatz - Rheinpromenade am 9. September 1988

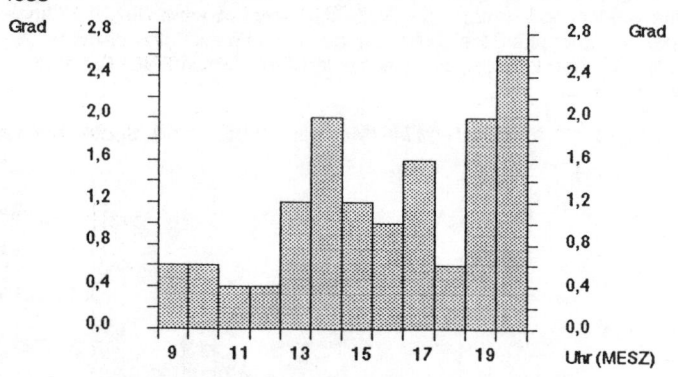

3.3. Tagesmeßgang am 5. November 1988

Nur anfänglich Strahlungswetter herrschte beim zweiten Tagesmeßgang, der während einer Großwetterlage des Typs NWA durchgeführt wurde. Ab etwa 13.30 Uhr MEZ machte sich eine Hochnebeldecke breit, die nur in den Abendstunden noch einmal kurz aufriß. Entsprechend lag die mittlere tägliche Bewölkung, wiederum bezogen auf die Wetterwarte Vogelstang, bei 5,0 Achteln, die Sonnenscheindauer belief sich auf 5,7 Stunden. Die mittlere tägliche Windgeschwindigkeit der aus unterschiedlichen Richtungen wehenden Winde betrug am Geographischen Institut 1,3 an der Wetterwarte 1,0 Beaufort.

Abb. 39: Tagesgang der Lufttemperatur am 5. November 1988

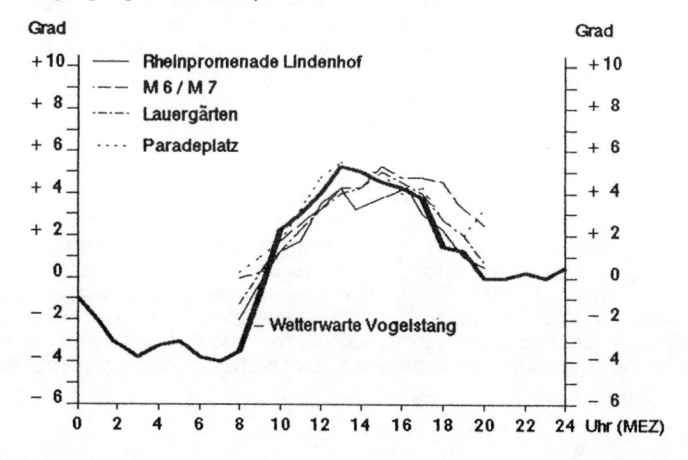

Bei Betrachtung des Tagesganges der Lufttemperatur (Abbildung 39) fallen deutlich die Unterschiede zwischen der Stadtrandstation (Wetterwarte), den städtischen Grün- und Freiflächen (Lauergärten/Rheinpromenade) und den Meßstandorten im dichtbebauten Innenstadt- bzw. Citybereich (M6/M7, Paradeplatz) auf. So ist bei Beginn des Meßganges eine deutliche Dreiteilung zu erkennen: Am kältesten war es um 8 Uhr MEZ mit -3,6°C an der Wetterwarte, eine zweite "Gruppe" bildeten die Rheinpromenade (-2,0°C) und die Lauergärten (-1,2°C). Die höchsten Werte wurden erwartungsgemäß mit 0,0°C (M6/M7) beziehungsweise +0,2°C (Paradeplatz) im dicht bebauten und vollständig versiegelten Innenstadtbereich gemessen. Dies ist darauf zurückzuführen, daß die Luft im Bereich stark frequentierter Verkehrswege oder in Geschäftsstraßen der Innenstadt durch anthropogene Energiezufuhr (Heizungswärme) nachhaltig erwärmt wird. ERIKSEN (1976 und 1985) weist allerdings darauf hin, daß diese "künstlich erzeugte Wärme" nur zeitweise und dann auch nur lokal begrenzt freigesetzt wird.

Abb. 40: Tagesgang der relativen Luftfeuchtigkeit am 5. November 1988

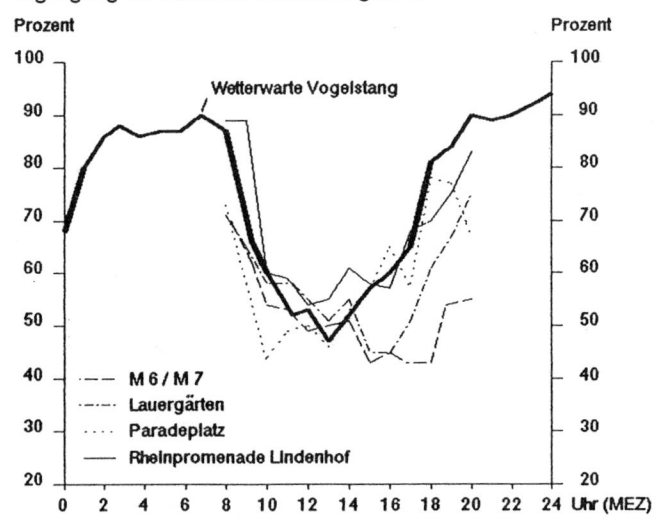

Allerdings wird der "Innenstadteffekt" bis zum Mittag (12 Uhr MEZ) weitgehend kompensiert. Mit Ausnahme des Wertes am Paradeplatz (+4,8°C), liegen die Temperaturen der übrigen Meßstandorte zu diesem Zeitpunkt nur unwesentlich auseinander: So wurden an der Wetterwarte +4,0°C, an der Rheinpromenade und M6/M7 jeweils +3,6°C und in den Lauergärten +3,1°C registriert.

Differenzierter verläuft der weitere Temperaturgang nach Ausbildung der Hochnebeldecke gegen 13.30 Uhr. Während die Werte an der Rheinpromenade nach einem zweiten Maximum um 16 Uhr MEZ (+4,2°C) bis zum Ende des Meßganges um 20 Uhr wieder markant bis auf +0,4°C zurückgehen, macht sich nun besonders am Meßstandort M6/M7 wieder der Innenstadteffekt bemerkbar. Wie der nur zögerlich einsetzende Temperaturrückgang von +5,2°C um 13.30 Uhr auf

+4,8°C um 18 Uhr verdeutlicht wird im dichtbebauten Citybereich die Wärme wesentlich länger gespeichert, zumal sich gegen Abend erneut die anthropogene Wärmeerzeugung durch Zufuhr von (Heiz-) Energie bemerkbar machen dürfte. Entsprechend sinkt die Temperatur bis zum Ende der Messungen "nur" auf +2,6°C ab, und ist damit immerhin 2,2°C höher als an der Rheinpromenade.

Abb. 41: Temperaturdifferenz M6/M7 - Lauergärten am 5. November 1988

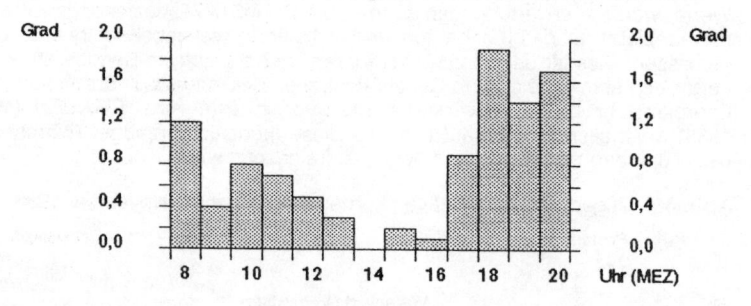

Parallelen zum Temperaturverlauf in M6/M7 zeichneten sich am Paradeplatz ab. Mit einer Ausnahme: Nach Erreichen eines vorübergehenden Tiefstwertes von +2,2 °C um 19 Uhr, stieg hier die Temperatur bis 20 Uhr MEZ wieder um 1,2 Grad auf +3,2°C an.

Abb. 42: Temperaturdifferenz Paradeplatz - Rheinpromenade am 5. November 1988

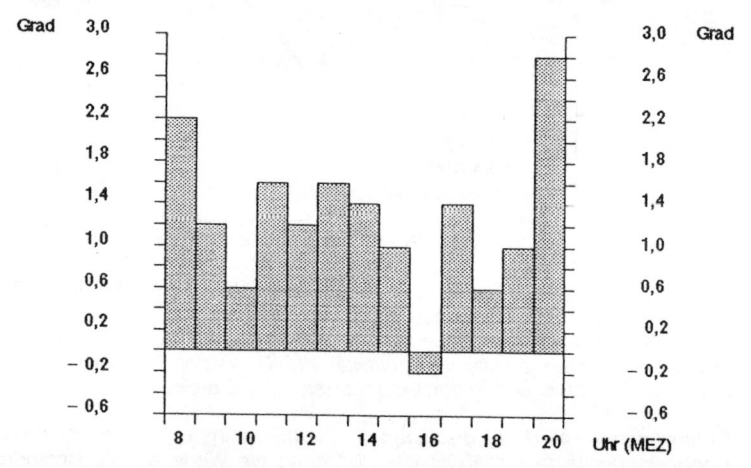

Bei Betrachtung des Tagesganges der Relativen Luftfeuchtigkeit (Abb. 40) wird die Wetterumstellung besonders deutlich: Am klaren Morgen geht die Luftfeuchtigkeit bis auf 40% zurück, wobei sich wiederum die wärmsten Meßstandorte (Paradeplatz, M6/M7) als lufttrockenste Meßpunkte erweisen. Mit Aufzug der

Hochnebeldecke nimmt dann am Nachmittag die Luftfeuchte an allen Meßstellen zu. Besonders hohe Luftfeuchtewerte wurden schließlich um 20 Uhr mit 94% an der Wetterwarte sowie 83% an der Rheinpromenade verzeichnet. In den Lauergärten waren es noch 75%, wogegen die relative Luftfeuchte im wärmeren und zudem versiegelten Innenstadtbereich mit 67% am Paradeplatz beziehungsweise 55% in M6/M7 deutlich niedriger ausfiel.

4. Thermische Eigenschaften spezifischer Oberflächen

4.1. Beschreibung des Meßvorganges und ausgewählte Objekte

Die Ausbildung des innerstädtischen Temperaturfeldes wird vor allem durch den vielgliedrigen städtischen Baukörper bestimmt. Da die Oberflächentemperaturen verschiedener "Körper" abhängig sind von deren spezifischer Wärme, seiner Wärmeleitfähigkeit und seiner Albedo, ergibt sich in den durch Material und Farbe differierenden Oberflächen von Baukörpern ein entsprechend breit gefächertes Temperaturfeld. Absorptionsaktivität und Wärmespeichervermögen sind beispielsweise in Nähe vegetationsloser, asphaltierter Straßen, im Bereich unterschiedlich besonnter Hauswände oder im Umfeld von Sand-, Rasen- oder Wasserflächen derart divergent, daß auf engstem Raum Kontraste bei den Oberflächentemperaturen von stellenweise über zehn Grad, unabhängig von der Tageszeit, auftreten können (vgl. ERIKSEN 1976).

So sind für die als typisch städtisch zu bezeichnenden Baumaterialien wie Asphalt oder Beton nach intensiver Einstrahlung deutlich erhöhte Oberflächentemperaturen gegenüber Grün- und Wasserflächen charakteristisch. Ursache hierfür ist die gute Wärmeleitfähigkeit dieser kompakten und meist auch relativ dunklen Baumassen, die zunächst bei Einstrahlung größere Energiemengen aufnehmen können und diese dann verzögert nach Sonnenuntergang bis in die Nacht hinein wieder an ihre Umgebung abgeben. Resultat ist eine zum Teil markante Erwärmung der umgebenden Luft, ähnlich dem Prinzip eines "Wärmespeicherofens" (vgl. ERIKSEN 1985), wobei sich die Wärmefelder durch die speziellen stadtmorphologischen Gegebenheiten in Verbindung mit dem sich stets ändernden Sonnenstand quasi von Stunde zu Stunde verlagern (ERIKSEN 1976).

Bedingt durch das bei Hochhausbauten je nach Exposition und Einfallswinkel der Sonnenstrahlung teilweise sechsfach höhere Absorptionsvermögen gegenüber nichtbebauten Flächen, steht der Stadt in diesen Bereichen entsprechend ein Überschuß an Wärmeenergie zur Verfügung (vgl. ERIKSEN 1976). Die thermischen Bedingungen der Stadt werden somit vor allem bei wolkenlosen Strahlungswetterlagen entscheidend von den Strahlungsumsätzen an den Baukörperoberflächen und von der Wärmeabgabe an die oberflächennahe Luft bestimmt.

Um diesen Effekt zu veranschaulichen, wurden am 10. August 1989 sowie 24./25. August 1989 mit einer "KT-Sonde" der Firma Heimann im Bereich der Mannheimer Innenstadt Meßgänge durchgeführt, bei denen an den unterschiedlichsten Stellen die Oberflächentemperaturen aufgenommen wurden. Da die Messungen sinnvollerweise so eingerichtet werden sollen, daß in kurzer Zeit möglichst viele, unterschiedliche Objekte "angepeilt" werden können, wurde ein begrenzter Bereich gewählt, der sich durch vielfältige Oberflächenbeschaffenheit auszeichnet. Als besonders prädestiniert schien das Gebiet zwischen der Bismarckstraße und den Quadraten M6/M7 mit den Lauergärten als innerstädtischer Grünfläche einerseits, den vollständig versiegelten, von deutlich überhöhten Straßenschluchten durchzogenen Quadraten M6/M7 sowie L8/L10 auf der anderen Seite (vgl. Abb. 43).

Abb. 43: Lageskizze der Beobachtungsobjekte beim 24-Stunden-Meßgang am 24./25. August 1989

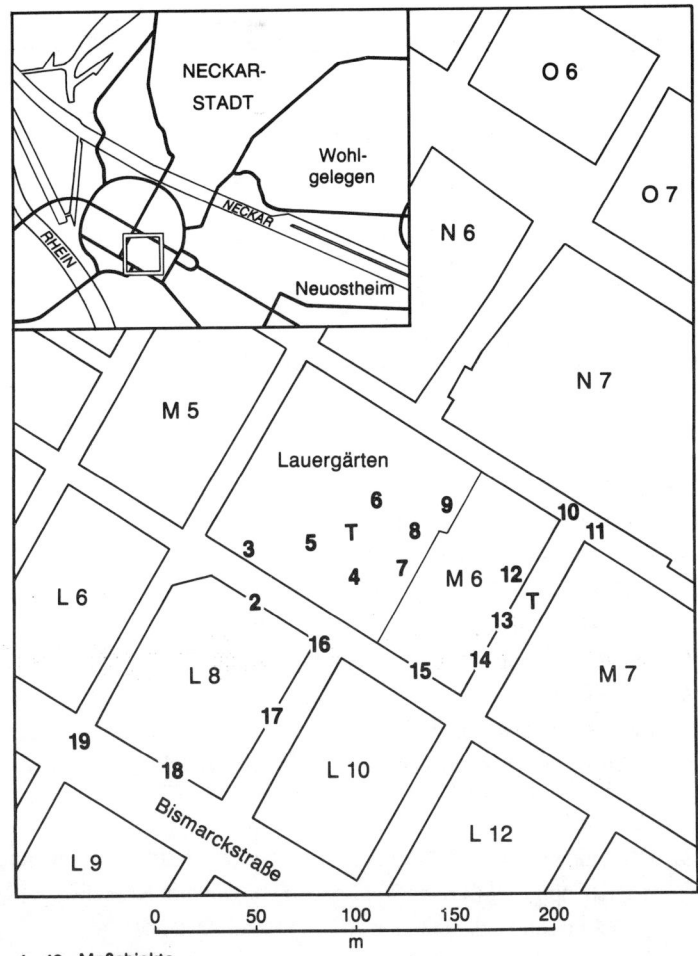

1 - 19 Meßobjekte
T Lufttemperaturmessung

Bei beiden Meßgängen wurde jeweils zur vollen Stunde eine Beobachtungsserie begonnen, die etwa 25 Minuten in Anspruch nahm. Die Reihenfolge der Einzelmessungen wurde bei jedem "Rundgang" beibehalten. Ferner mußte drauf geachtet werden, daß alle ausgewählten Punkte zu jeder Tageszeit an der gleichen Stelle erfaßt werden konnten und daß die Meßentfernung (etwa zehn Zentimeter) weitgehend beibehalten wurde, um Verfälschungen der Meßergebnisse durch "Randeffekte" (vgl. KESSLER 1971) auszuschließen.

Abb. 44: Luft- und Oberflächentemperaturen Lauergärten am 10. August 1989

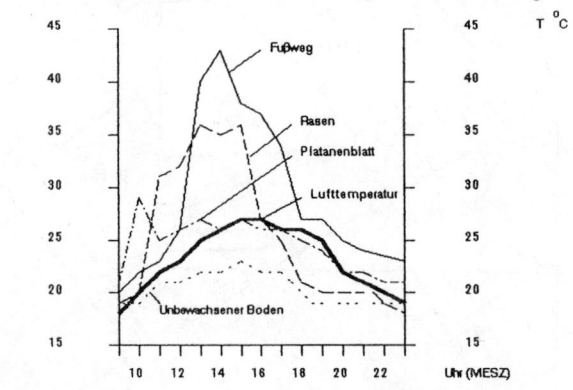

Für die Meßgänge an beiden Terminen wurden folgende Oberflächen ausgewählt:
1. Rote Sandsteinfassade L8, Westseite.
2. Rote Sandsteinfassade L8, Nordseite.
3. Ligusterhecke an der Südbegrenzung der Lauergärten zum Quadrat L8.
4. Rasen Lauergärten, Halme etwa 3 Zentimeter lang.
5. Platanenblatt etwa 1,50 Meter über dem Boden.
6. Lindenstamm.
7. Fußweg (Bitumen-Quarzit).
8. Unbewachsener Boden durch Krone einer Kastanie ganztägig vor direkter Einstrahlung, in der Nacht vor Ausstrahlung geschützt.
9. Unterholz.
10. Kopfsteinpflaster Straßeneinmündung vor Quadrat N7, grau (Granit).
11. Kopfsteinpflaster Straßeneinmündung vor Quadrat N7, schwarz (Basalt).
12. Klinkerfassade M6. Meßhöhe ca. 1,50 Meter, Ostseite.
13. Asphaltstraßendecke M6/M7. Von 13 bis 15 Uhr (MESZ) besonnt.
14. Betonplatte Gehsteig M6 (Ostseite). Ab 12 Uhr (MESZ) besonnt.
15. Hauswand Kurpfalzgymnasium, blau gestrichen, Südseite.
16. Hauswand grau, Nordseite.
17. Hauswand grau, Ostseite.
18. Hauswand grau, Südseite.

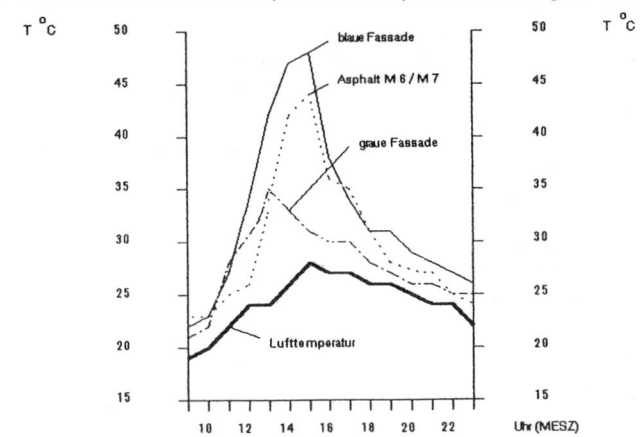

Abb. 45: Luft- und Oberflächentemperaturen M6/M7 am 10. August 1989

4.2. Meßgang am 10. August 1989

Bei antizyklonaler Westlage (WA) herrschte nach klarer Nacht am Meßtag Strahlungswetter. Lediglich zwischen 15 und 16 Uhr (MESZ) kam es vorübergehend zu Cirrusbewölkung, die allerdings kaum Auswirkungen auf den Meßgang hatte, lagen mit wenigen Ausnahmen doch bereits alle Beobachtungspunkte im Schatten. Die Tageshöchsttemperatur an diesem Tag pendelte zwischen 25,3°C (Geographisches Institut) und 29,1°C beim Dahlberghaus. Die parallel zur Oberflächentemperatur mit dem Aspirationspsychrometer beim Meßgang ermittelten Höchstwerte lagen bei 27,5°C in den Lauergärten und 28,0°C an der Straße zwischen M6/M7.

Angesichts des markant ausgeprägten Tagesganges der Oberflächentemperaturen ist davon auszugehen, daß die wichtigste Energiekomponente der Oberflächentemperaturen an den verschiedenen Meßpunkten die Strahlungsbilanz sein dürfte (vgl. FRANKENBERG 1986). So stiegen die Oberflächentemperaturen mit zunehmender Strahlungsabsorption sprunghaft an. Besonders markante "Temperatursprünge" sind beispielsweise bei der Asphalt-Straßendecke zwischen M6/M7 (von 26,0°C um 12 Uhr MESZ auf 34,0°C um 13 Uhr MESZ) aber auch an der blaugestrichenen, südexponierten Wand des Kurpfalzgymnasiums, den Betonplatten des Gehsteiges in M6 oder der Rasenfläche in den Lauergärten zu verzeichnen. Die Unterschiede beim Anstieg beziehungsweise Rückgang der Oberflächentemperaturen dürften auf die lokal differenten Beschattungsverhältnisse zurückzuführen sein.

Die verschiedenen Meßpunkte werden somit durch die unterschiedlich lange direkte Sonneneinstrahlung in Abhängigkeit von den Faktoren Albedo, Wärmeleitfähigkeit, spezifischer Leitfähigkeit und Materialvolumen verschieden stark erwärmt. So bedingt beispielsweise die geringe Albedo aller dunklen Flächen (nach WEISCHET 1977 lediglich 5-10 Prozent) eine besonders starke Aufheizung. Dies spiegelt sich unter anderem an den hohen Tagestemperaturen der dunklen

Asphaltstraßendecke in M6/M7 wider. Gleiches gilt für das dunkle Kopfsteinpflaster, das bei direkter Sonneneinstrahlung bis zu neun Grad wärmer wird als das unmittelbar daneben verlegte graue Granitpflaster, oder die dunkelblaue Hauswand im Vergleich zu den hellen Fassaden.

Tab. 3: Strahlungstemperaturen verschiedenartiger Oberflächen (in Grad) am 10. August 1989 in den Mannheimer Quadraten

Uhrzeit (MESZ)	9	10	11	12	13	14	15	16	17	18	19	20	23
1. Sandsteinfassade (rot/Westseite)	21	24	24	25	26	26	27	28*	30*	27	25	26	25
2. Sandsteinfassade (rot/Nordseite)	24*	27*	26	26	26	26	27	26	27	26	26	25	24
3. Ligusterhecke	20	23*	27*	32*	33*	29*	34*	26	27	27	25	24	22
4. Rasen	19	20	31*	32*	36*	35*	36*	27*	25	21	20	20	18
5. Platanenblatt	21*	29*	25	26	27	26	27	26	26	25	24	22	21
6. Lindenstamm	19	21	23	25	25	25	26	24	24	23	22	22	20
7. Fußweg (Bitumen – Quarzit)	20	22	23	23	26	40*	43*	38*	37*	34*	27	27	23
8. Unbewachsener Boden	19	19	20	21	22	22	23	22	22	21	19	19	19
9. Unterholz	18	19	21	21	21	20	22	22	21	21	20	20	19
10. Kopfsteinpflaster (grau)	19	25*	28*	26*	34*	36*	39*	32	31	28	25	25	21
11. Kopfsteinpflaster (schwarz)	21	26*	30*	28*	36*	42*	43*	35	33	30	28	26	22
12. Klinkerfassade	22	23	29*	37*	37*	36*	33	31	31	30	28	28	25
13. Asphalt M 6 / M 7	23	23	25	26	34*	42*	44*	36	35	31	28	27	24
14. Betonplatte	21	22	24	34*	41*	28	36*	35*	31	30	27	27	25
15. Hauswand (blau/Südseite)	22	23	27*	34*	42*	47*	48*	38	34	31	31	29	26
16. Hauswand (grau/Nordseite)	20	25*	26	27	28	29	28	28	29	27	24	25	22
17. Hauswand (grau/Ostseite)	22	23	23	41*	39*	37*	33	32	31	29	27	27	24
18. Hauswand (grau/Südseite)	21	23	24	29*	26	29	30	31	27	26	25	26	24

* Der Meßpunkt war direkter Sonneneinstrahlung ausgesetzt.

Als zusätzlicher Faktor muß beim Pflaster und Asphalt deren "Unterbau" mit ins Kalkül gezogen werden. Beide Materialien liegen auf einer Sand- oder Schotterdecke, die wegen ihres hohen Luftgehaltes in den Zwischenräumen als schlechte Wärmeleiter gelten (vgl. FRANKENBERG 1986). Die Überhitzung in diesen Bereichen kommt somit durch die geringe Wärmeableitungsmöglichkeit in den Untergrund zustande.

Bei den Oberflächentemperaturen der Hauswände fällt deren Konstanz zu Beginn der Messungen auf, die gleich welcher Beschaffenheit oder Exposition zwischen 20 und 22 Grad pendeln. Lediglich die bereits besonnte Nordseite der Sandsteinfassade (Meßpunkt 2) kommt schon auf 24°C. Gravierende Unterschiede ergeben sich im Laufe des Mittags, je nach Sonneneinstrahlung. Steigt dann die Oberflächentemperatur der blau gestrichenen Wand des Kurpfalzgymnasiums rasch auf 48°C, sind es bei der grauen, ostexponierten Wand immerhin noch 41°C. Bei Südexposition und nur kurzer direkter Sonneneinstrahlung (12 Uhr MESZ) werden dagegen nur 29°C gemessen und damit der gleiche Wert wie beim nordexponierten Pendant.

4.3. Meßgang am 24./25. August 1989

Bei der am 24. August angesetzten 24-Stunden-Messung herrschte am Tage und in der Nacht bei einer BM-Wetterlage (Hochdruckbrücke über Mitteleuropa) Strahlungswetter und damit zunächst optimale Bedingungen für den Meßgang. Am Morgen des 25. August stellte sich dann allerdings die Großwetterlage auf NWZ um, was sich ab etwa 10 Uhr MESZ durch hohe Bewölkung ankündigte, die sich dann rasch verdichtete und schließlich gegen 12 Uhr zum vorzeitigen Abbruch des Meßganges zwang.

Abb. 46: Oberflächentemperaturen am 24./25.8.1989 in der Mannheimer Innenstadt

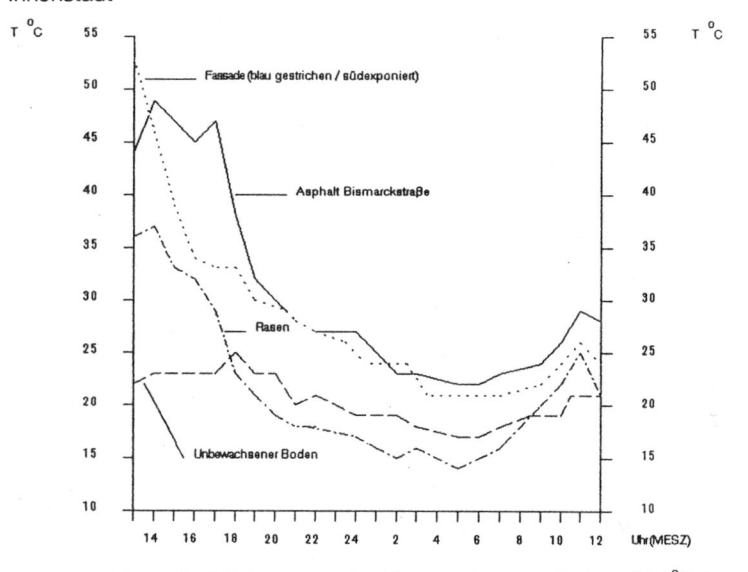

Am 24. August pendelten die Höchstwerte der Temperaturen zwischen 25,9°C in der Gartenstadt und 28,7°C beim Dahlberghaus. Bei den Messungen in den Lauergärten wurde als Maximum 26,8°C, in M6/M7 27,2°C registriert. Nachts sanken die Werte bei der Wetterwarte im Stadtteil Vogelstang bis 10,6°C ab, im Unter-

suchungsgebiet waren 16,0°C sowohl in den Lauergärten wie in M6/M7 als Minima zu verzeichnen.

Die gewonnenen Ergebnisse decken sich weitgehend mit den Beobachtungen des ersten Meßganges, wie die Werte in Tabelle 6 beweisen. Spitzenreiter war erneut die blau gestrichene Fassade des Kurpfalzgymnasiums. Hier wurde sogar der Wert vom 10. August mit 53°C (13 Uhr MESZ) noch um fünf Grad übertroffen. Als sprichwörtlich "heißes Pflaster" erwies sich daneben die Aspahlt-Straßendecke der Bismarckstraße mit 49°C und in M6/M7 mit 47 °C. Zu den Spitzenreitern zählten ferner das schwarze Kopfsteinpflaster (43°C) und der Bitumen-Quarzit-Fußweg in den Lauergärten (42°C), was darauf zurückzuführen ist, daß dunkles Gestein weniger Globalstrahlung reflektiert als helles und sich deshalb tagsüber erheblich stärker erhitzt (vgl. VAN EIMERN/HÄCKEL 1984, S. 32).

Abb. 47: Oberflächentemperaturen an einer unterschiedlich exponierten, grauen Hauswand (24./25. August 1989)

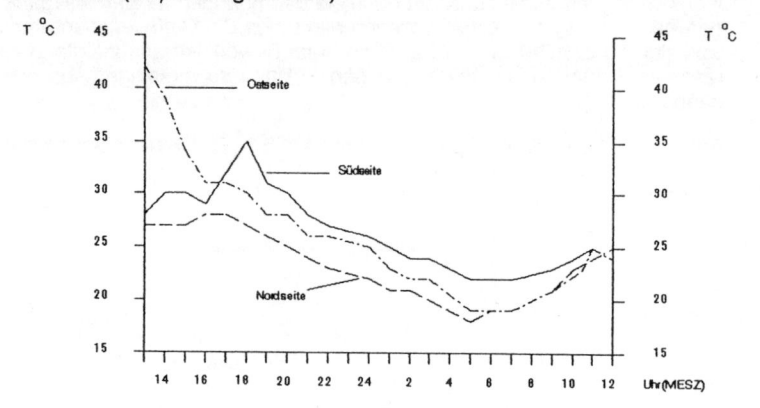

Ergänzend zum ersten Meßgang konnten bei dieser langen über Nacht angelegten Meßreihe weitere Erkenntnisse gewonnen werden. So zeigte sich, daß die Temperaturen an den Gebäudeoberflächen nach Sonnenuntergang nur sehr langsam nach unten gehen. Dies dürfte auf den "Gebäudewärmestrom" (vgl. FRANKENBERG 1986), resultierend aus der am Tage gespeicherten und umgewandelten direkten Strahlungsenergie, zurückzuführen sein. So profitiert die Straßenluft in der Nacht von der am Tage "im Häusermeer gespeicherten und jetzt langsam abgegebenen Wärme" (ERIKSEN 1976).

Wie die gemessenen Werte z.B. für den Rasen, den unbewachsenen Boden oder das Unterholz in den Lauergärten verdeutlichen, wirken sich aber auch unterschiedliche Bodenbedeckungen auf die Wärmeleitfähigkeit des Bodens, das heißt, dessen Fähigkeit Wärme zu transportieren, aus. So schafft ein gut wärmeleitender Boden die an der Oberfläche aufgenommene Wärme schnell in tiefere Schichten, wogegen sich bei schlecht leitenden Böden die Tageserwärmung auf die obersten Bodenschichten beschränkt. Charakteristisch ist nach VAN EIMERN/HÄCKEL (1984) für einen schlechten Leiter demnach die große Tagesschwankung der Tem

Tab. 4: Strahlungstemperaturen verschiedenartiger Oberflächen (in Grad) am 24./25. August 1989 in den Mannheimer Quadraten

Uhrzeit (MESZ)	13	14	15	16	17	18	19	20	21	22	23	24	1	2	3	4	5	6	7	8	9	10	11	12
1. Sandsteinfassade (rot/Westseite)	27	28	28	33*	30	29	28	28	28	27		27	26	25	26		24	24	24		23	24	25	24
2. Sandsteinfassade (rot/Nordseite)	26	27	27	25	28	26	25	25	24	23		22	21	20	19		18	21	21		23	23	24	24
3. Ligusterhecke	28*	29*	34*	29	26	29	27	25	24	24		23	23	22	22		21	17	17		19	21	23	22
4. Rasen	36*	37*	33*	32*	29*	23	21	19	18	18		17	16	15	16		14	15	16		20	22	25	22
5. Platanenblatt	26	27	27	27	27	27	25	23	22	21		20	19	18	18		15	16	17		19	20	22	21
6. Lindenstamm	25	26	27	25	25	25	24	23	22	21		21	20	19	19		17	18	18		19	20	22	21
7. Fußweg (Bitumen – Quarzit)	29	42*	40*	39*	39*	32*	30	28	26	26		24	23	22	22		20	20	21		22	24	26	24
8. Unbewachsener Boden	22	23	23	23	23	23	23	23	20	21		19	19	19	18		17	17	18		19	19	21	21
9. Unterholz	28	23	23	21	22	23	22	21	20	20		19	19	18	18		16	17	17		18	19	20	20
10. Kopfsteinpflaster (grau)	33*	35*	37*	33	31	29	27	25	23	22		21	20	19	19		18	18	18		21	23	26	25
11. Kopfsteinpflaster (schwarz)	42*	43*	40*	35	31	29	27	25	24	23		22	21	20	19		18	18	19		22	24	27	26
12. Klinkerfassade	38*	38*	32	31	31	31	29	28	27	26		25	24	23	23		21	21	21		23	24	26	24
13. Asphalt M 6 / M 7	37*	45*	42*	35	32	31	28	28	27	25		24	23	23	22		21	21	21		23	25	27	26
14. Betonplatte	40*	39*	38	33	31	32	29	28	27	26		24	23	23	22		21	21	21		23	24	27	25
15. Hauswand (blau/Südseite)	53*	47*	33	34	33	33	30	29	28	27		26	24	24	24		21	21	21		22	24	26	24
16. Hauswand (grau/Nordseite)	27	27	27	28	28	27	26	25	24	23		22	21	21	20		18	19	19		21	23	24	25
17. Hauswand (grau/Ostseite)	42*	39*	34	31	31	30	28	28	26	26		25	23	22	22		19	19	19		21	23	25	24
18. Hauswand (grau/Südseite)	28	30	30	29	32*	35*	31*	30	28	27		26	25	24	24		22	22	22		23	24	25	24
19. Asphalt Bismarckstraße	44*	49*	47*	45*	47*	38	32	30	28	27		27	25	23	23		22	22	23		24	26	29	28

* Der Meßpunkt war direkter Sonneneinstrahlung ausgesetzt.

Betrachtet man das "Temperaturgefälle" des Rasens zwischen 14 Uhr MESZ (37°C) und 5 Uhr MESZ (14°C) wird deutlich, daß es sich hier um einen schlechten Wärmeleiter handelt. Dafür gibt es zwei Gründe: Zum einen enthält die Bodenbedeckung sehr viel Luft, die bei Wind aber kaum bewegt wird und daher eine starke Wärmeisolierung darstellt. Desweiteren mindert beim Rasen auch der Wurzelfilz den Wärmestrom durch die obersten Bodenschichten. Daraus resultiert, daß am Tage die zugestrahlte und absorbierte Wärme nur schlecht in den darunterliegenden Boden gelangen kann (deshalb die starke Erhitzung an der Oberfläche auf 37°C), nachts wird der Wärmeschub aus der Tiefe zur strahlenden Oberfläche auf ein Mindestmaß verringert (Folge ist die starke Abkühlung bis auf 14°C).

peratur in Nähe der Bodenoberfläche. Handelt es sich um einen guten Wärmeleiter ist diese dagegen sehr gering. Ein weiteres Merkmal ist ferner das Temperaturverhalten in der Nacht: Je besser der Boden Wärme leiten kann, um so wärmer bleibt seine Oberfläche in der Nacht, können doch dann die durch Ausstrahlung an der Oberfläche auftretenden Wärmeverluste durch die Wärmereserven aus tieferen Schichten besser ersetzt werden (vgl. VAN EIMERN/HÄCKEL, 1984).

Die sowohl tagsüber wie nachts niedrigen Werte des Meßpunktes im "Unterholz" resultieren vom dort auftretenden dichten Bewuchs. Da Vegetation als schlechter Wärmespeicher gilt, ist der Rückgang auf 16°C in der Nacht zu erklären. Daß auch am Tage nur 23°C erreicht werden hängt damit zusammen, daß die dichte Vegetation kaum Strahlung zum Boden durchläßt (nach WEISCHET 1983, S. 79 etwa zehn Prozent der einkommenden Strahlung). Deshalb kann auch im Boden unter der Vegetation bei Einstrahlung kaum Wärme gespeichert werden. Ähnliche Voraussetzungen wurden am Meßpunkt 8 (unbewachsener Boden) angetroffen.

In Abbildung 48 sind abschließend die Tagesmittel verschiedener Oberflächentemperaturen im Vergleich zum Mittel der Lufttemperatur dargestellt. Ferner sind die Tagesschwankungen (T_{max}-T_{min}) sowie Besonnungsstunden angegeben (vgl. KESSLER 1971). Deutlich erkennbar sind dabei auf der linken Seite die thermisch ungünstigen Flächen. Der Asphalt in der Bismarckstraße erwies sich mit einem Tagesmittel von 29,95°C als besonders ungünstig. Danach folgte die blau gestrichene, südexponierte Hausfassade des Kurpfalzgymnasium, die zwar nur zwei Stunden direkter Besonnung ausgesetzt war, es aber dennoch auf ein Mittel von 27,72°C brachte. Deutlich über dem Tagesmittel der Lufttemperatur rangieren auch noch der Asphalt in M 6/M 7 und der Bitumen-Quarzit-Fußweg in den Lauergärten.

Dagegen weisen alle untersuchte Flächen, bei denen Verdunstung eine Rolle spielt, ein Tagesmittel auf, das unter dem der Lufttemperatur liegt. Und das, obgleich die Rasenfläche oder das Platanenblatt ebenso lange (fünf Stunden) direkter Besonnung ausgesetzt waren, wie beispielsweise der Asphalt in der Bismarckstraße. Die deutlich niedrigsten Tagesmittel wurden im Unterholz sowie über unbewachsenem Boden registriert. Das Spektrum der Tagesschwankung der Temperatur erstreckte sich von sechs Grad (unbewachsener Boden) bis hin zu 32 Grad bei der blaugestrichenen Fassade des Kurpfalzgymnasiums.

Abb. 48: Tagesmittel der Lufttemperatur, Oberflächen-Strahlungstemperaturen, Besonnungsstunden und Tagesschwankung beim Meßgang am 24./25. August 1989

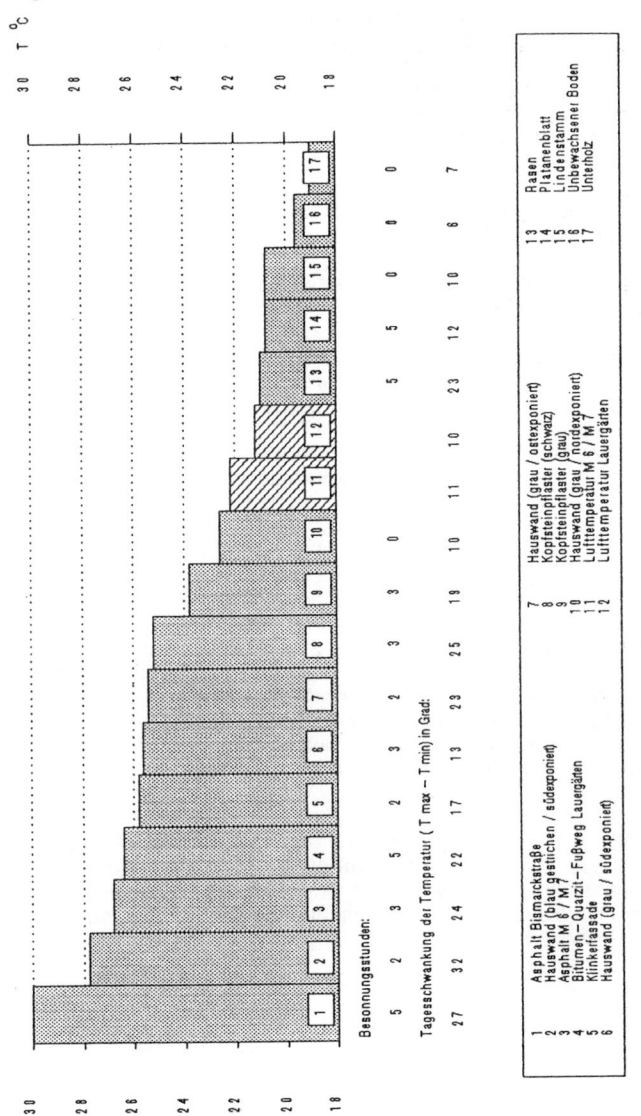

5. Zusammenfassung

Die vorliegende Arbeit "Stadtklimatische Untersuchungen in Mannheim" basiert auf meteorologischen Beobachtungen aus dem Zeitraum September 1988 bis Februar 1990. Um die langjährigen Verhältnisse in der Quadratestadt aufzuzeigen, wurden zunächst die wichtigsten Klimaparameter (Temperatur, Niederschlag, Sonnenscheindauer) im 30jährigen Mittel (1951-1980) mit den Ergebnissen des Untersuchungszeitraumes - bezogen auf die Wetterwarte Mannheim - verglichen (Kapitel 2.5.1).

Hauptintention der Arbeit war, unter dem Aspekt der Witterungsklimatologie die "Wetterlagenwirksamkeit" der einzelnen Großwetterlagen im Stadtbereich Mannheim anhand einer Methode (Auflösung der Datenreihen nach Großwetterlagen) aufzuzeigen, die ERIKSEN erstmals bei seinen klimatischen Untersuchungen im Stadtgebiet von Kiel (1964) anwandte.

Demnach wurde die Reihe der täglich gewonnenen Klimadaten derart aufgesplittet, daß die Werte der Beobachtungstage den verschiedenartigen und unterschiedlich lang anhaltenden Witterungsperioden zugeordnet wurden, die sich nach den festgestellten und in HESS/BREZOWSKY (1977) klassifizierten Großwetterlagen abgrenzen ließen. Getrennt nach Jahreszeiten wurden schließlich die Werte aller Tage mit gleicher Großwetterlage zu "Großwetterlagenmitteln" zusammengefaßt.

Diese Vorgehensweise machte es möglich, die Meßergebnisse nicht nur nach Wirksamkeit einzelner Parameter oder nach allgemeinen Wettertypen unter die Lupe zu nehmen, sondern - der Witterungskomplexität entsprechend - den ineinandergreifenden Einfluß der verschiedenen Klimaelemente herauszuarbeiten.

Beim Vergleich der erfaßten Daten zeigte sich, daß die Ausbildung des stadtklimatischen Effektes von drei Faktoren maßgeblich bestimmt wird: Der Tageszeit, Jahreszeit und den einzelnen Wetterlagentypen. So waren die festgestellten Differenzen einerseits in den Nacht- und frühen Morgenstunden, weiterhin in den Übergangsjahreszeiten Frühling und Herbst sowie bei windschwachen antizyklonalen oder Hochdruckwetterlagen am markantesten ausgeprägt.

Aufgrund zusätzlicher im Innenstadtbereich durchgeführter Messungen von Luft- und Oberflächentemperaturen (Kapitel 3 und 4) konnte ferner festgestellt werden, daß durch die anthropogene Wärmefreisetzung (primär im Winter) sowie Reflexion der wärmespeichernden Oberflächen des städtischen Baukörpers vor allem die Minima im Innenstadtbereich signifikant über den an der Stadtperipherie registrierten Werten lagen.

6.   Summary

The work "Researches at Mannheim concerning the climate of the city" is based on meteorological observations made over the period of September 1988 to February 1990. First the most important parameters of climate (temperature, percipitation, durance of sunshine) were compared on the average of 30 years (1951-1980) to the results of the period of time refering to the weather situation of Mannheim, to show the conditions of many years of the city that is built up in squares (chapter 2.5.1).

The main intention of the work was to show the effectiveness of the weather situation of the individual general weather situations of Mannheim under the aspect of climatology by a method, first being used by ERIKSEN for his climatical researches at Kiel (1964).

According to this the daily climatical dates had been splitted in a way that the rates of the days of observation were assigned to the different and in time varying periods of weather. Latter can be distinguished in general weather situations that were classified by HESS/BREZOWSKY (1977). Distinguished in seasons the rates of all days that had the same general weather situation were finally summed up to the averages of the general weather situation.

This procedure made it possible to scrutinize the results of measurements not only by the effectiveness of individual parameters or general types of weather but the overlapping influences of different elements of climate, according to their complexity of weather.

Comparing the recorded data there is to see that the climatical effects are mainly defined by three facts: time of day, season and the individual type of weather situation. That is why the recorded differences were most distinctive during the night hours and early morning hours, during the in-between seasons spring and autumn and finally during the breezy anticyclical weather situations or weather situations of high pressure. For there were more measurements of the temperature of the air and of the surface in the centre of the city (compare chapter 3 and 4) one could see that especially the minima in the centre of the city were clearly above the rates recorded on the outskirts. The reasons for it are the anthropogenic release of warmth (primarily in the winter time) and the reflections of the surface of the urban buildings which store the heat.

Abb. 49: Lage der Immissions-Meßstationen im Stadtgebiet von Mannheim

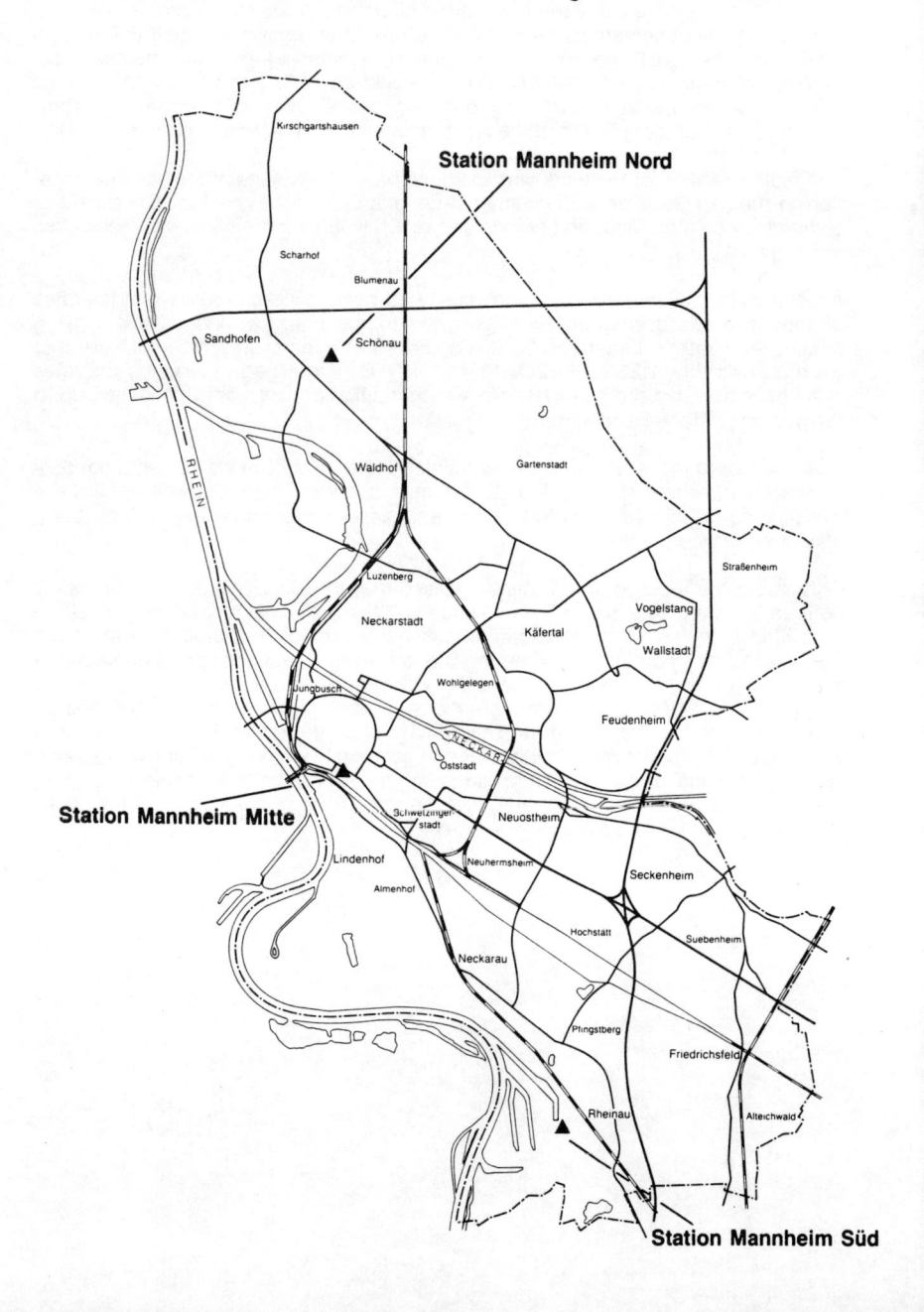

B P. FRANKENBERG / J. BRENNECKE
UNTERSUCHUNGEN ZUR LUFTHYGIENE IM STADTGEBIET VON MANNHEIM WÄHREND DES JAHRES 1988

1. Einleitung und Zielsetzung

Ballungsgebiete sind zugleich Gebiete hoher Industriedichte und damit hoher Emissionen und Immissionen von Luftschadstoffen. Gerade der Raum Mannheim, Ludwigshafen, Frankenthal weist eine sehr hohe Industrie- und Verkehrsdichte auf. Zudem liegt dieses Ballungsgebiet im Oberrheingraben, der de natura weniger gut durchlüftet ist als etwa Regionen in Norddeutschland. Daher bietet sich eine Analyse der Immissionswerte in diesem Raum in einem Referenzjahr an. Von besonderem Interesse sind dabei die mittleren und die extremen Immissionswerte sowie ihre Abhängigkeit von den Wetterlagen.

2. Datengrundlagen

Zur Analyse der lufthygienischen Situation des Rhein-Neckar-Raumes wurden die Meßwerte des Jahres 1988 der automatischen Meßstationen des Landesamtes für Umweltschutz Baden-Württemberg im Stadtgebiet von Mannheim herangezogen. Es sind dies die Stationen Mannheim-Nord, MA-Süd und MA-Mitte (vgl. Abb. 49). An diesen drei Stationen werden im Halbstundentakt in der Einheit mg/m3 Luft folgende Immittenten registriert: Stickstoffmonoxid (NO), Stickstoffdioxid (NO_2), Schwefeldioxid (SO_2), Ozon (O_3), Schwebstaub und Kohlenmonoxid (CO).

Diese Stoffe können als "Luftverunreinigungen" angesehen werden, da sie in der Luft von Natur aus kaum vorkommen. Die hier in ihren Immissionswerten des Jahres 1988 näher analysierten Stoffe sind im Sinne von J. BAUMÜLLER (1988) "Leitschadstoffe". Sie können im Ballungsraum Rhein-Neckar direkte Folgen der Emissionen sein oder aber Umwandlungsprodukte von Emissionen darstellen. Sie können autochthon oder allochthon sein. Schwefeldioxid hat nur eine Verweilzeit von ein bis vier Tagen in der Atmosphäre (vgl. AHRENS 1983). Es wird vor allem über die Verbrennung fossiler Energieträger in die Atmosphäre eingetragen und meist über die trockene Deposition aus ihr entfernt. Stickoxide entstehen bei Verbrennungsprozessen hoher Temperaturen. Ihre Quellen sind Kraftwerke und Kraftverkehr. Stickoxide sind zudem Vorläufer der Photooxidantien, also ein Primärstoff des Photosmogs. Der bedeutendste Vertreter der Photooxidantien ist Ozon. Voraussetzung für eine überhöhte Ozonbildung in der Atmosphäre sind reaktive Kohlenwasserstoffe und Stickoxide. Schwebstaub in der Atmosphäre entstammt vor allem der Kohleverfeuerung sowie Anlagen der Eisen- und Stahlindustrie. Kohlenmonoxid wird primär über die Verbrennungsvorgänge in Automotoren in die Atmosphäre eingetragen.

In Tabelle 5 ist die Herkunft der in Mannheim registrierten Luftschadstoffe im Vergleich zum Mittel des Bundesgebietes (alt) aufgelistet. Für den Zeitraum 1984/85 wurde die Gesamtemission prozentual auf die Emittentengruppen verteilt. Der Kraftverkehr wird im Luftreinhalteplan der Stadt Mannheim nicht eigens ausgewiesen, sondern in seinen Emissionen dem Bereich "Industrie und Gewerbe" zugeordnet. Im Mannheimer Raum dominieren die Quellengruppen von Industrie und Gewerbe das Emissionsbild stärker als im Mittel des Bundesgebietes. Von Gebäudeheizungen gehen dafür relativ weniger Emissionen aus. In Mannheim beträgt der Fernwärmeanteil nahezu 40%!

Tab. 5: Herkunft der in Mannheim für den Zeitraum 1984/85 registrierten Luftschadstoffe im Vergleich zum Mittel des Bundesgebietes

Emission (%)	SO_2		NO_x		CO		Staub	
	MA	BRD	MA	BRD	MA	BRD	MA	BRD
Industrie und Gewerbe	98,2	86,9	85,3	38,4	35,6	23,3	93,0	30,5
Gebäudeheizung	1,2	9,5	0,8	4,3	7,5	21,5	3,8	8,8
Kraftfahrzeugverkehr	0,7	3,6	13,9	57,3	56,9	59,2	3,3	10,7

Quelle: Luftreinhalteplan Mannheim 1988; Daten zur Umwelt 1986/87, UBA

3. Die mittlere Immissionssituation in Mannheim im Jahr 1988

Zur Beurteilung der lufthygienischen Situation in Mannheim im Jahr 1988 werden die Grenz- und Richtwert einer Reinluftstation (Schauinsland/Schwarzwald) sowie die Immissionsgrenzwerte der TA-Luft beziehungsweise die MIK-Werte nach VDI 2310 herangezogen. Die minimalen, maximalen sowie mittleren Tageswerte der Immissionen der Stationen Mannheim-Nord, MA-Mitte und MA-Süd sind in Tabelle 6 ausgewiesen. In dieser Tabelle ist jeweils der Langzeitgrenzwert der TA-Luft angegeben. Für Stickstoffmonoxid und Ozon weist die TA-Luft keine Grenzwerte aus. Hier dient die "Maximale Immissionskonzentration für Dauer- und Kurzzeitbelastung" des VDI (MIK-Werte) als Kriterium. Im Gegensatz zur TA-Luft geben die MIK-Werte zulässige Maximalbelastungen relativ kurzer Zeiträume an. Tabelle 6 verdeutlicht, daß in Mannheim die mittleren jährlichen Immissionsbelastungen im Jahr 1988 bei allen untersuchten Luftschadstoffen deutlich unter den Richtwerten der TA-Luft blieben. An einzelnen Tagen wurden außer für CO die Grenzwerte jedoch kurzzeitig überschritten. Insbesondere übertrafen die registrierten Ozonkonzentrationen den MIK-Kurzzeit-Grenzwert.

Im Vergleich zur Reinluftstation Schauinsland wird deutlich, daß die Mannheimer Immissionswerte des Jahres 1988 um das bis zu zweifache höher lagen. Dies legt die Vermutung nahe, daß der größte Teil der Luftbelastung des Mannheimer Ballungsraumes autochthonen Quellen entstammt.

Tab. 6: Mittlere Luftbelastung in Mannheim im Jahr 1988 im Vergleich mit den MIK-Werten, den Werten der TA-Luft sowie den Reinluftwerten der Station Schauinsland

Tagesmittelwert	SO_2	NO_2	max. NO	max. O_3	Staub	CO
MA-Nord Minimum	0,001	0,0	0,0	0,0	0,010	0,0
MA-Nord	0,034	0,047	0,116	0,062	0,040	0,623
MA Nord Maximum	0,151	0,117	0,660	0,249	0,132	3,200
MA-Mitte Minimum	0,0	0,001	0,0	0,0	0,007	0,0
MA-Mitte	0,028	0,058	0,161	0,072	0,045	0,775
MA-Mitte Maximum	0,092	0,174	0,790	0,324	0,154	3,100
MA-Süd Minimum	0,0	0,010	0,0	0,0	0,008	0,100
MA-Süd	0,025	0,050	0,165	0,050	0,040	0,712
MA-Süd Maximum	0,090	0,130	1,020	0,136	0,177	3,600
TA-Luft / VDI 2310	0,14[1]	0,08[1]	1,0[2]	0,12[2]	0,15[1]	10,0[1]
Schauinsland	0,016	0,038			0,018	

Quelle: eigene Berechnungen; Monatsberichte UBA 1/89; TA-Luft, VDI 2310

---

[1] TA-Luft
[2] MIK-Wert nach VDI 2310

4. Jahresgänge von Schadstoffkonzentrationen im Mannheimer Stadtgebiet

Die Immissionen von Luftschadstoffen weisen in der Regel einen deutlichen Jahresgang auf. Im Jahresgang variieren sowohl die anthropogenen Emissionen als auch die Immissionswerte beeinflussenden synoptisch-meteorologischen Konstellationen. Für das Mannheimer Stadtgebiet sind in den Abbildungen 50 bis 52 die monatsweisen Jahresgänge der Immissionswerte der analysierten Luftschadstoffe für das Referenzjahr 1988 dargestellt. Es sind jeweils pro Monat die mittleren Tagesmittelwerte sowie die mittleren monatlichen halbstündlichen Maxima mit ihren jeweiligen Standardabweichungen (SD) dargestellt. Es wurden für 1988 Mittelwerte aller drei Mannheimer Meßstationen gebildet. Innerhalb des Ballungsraumes werden so zwar Unterschiede maskiert, der Zufall wird jedoch reduziert.

Schwefeldioxid (SO_2) weist im Tagesmittel die höchsten Konzentrationen im Winterhalbjahr aus. Die Spitzenbelastung wurde im November 1988 erreicht. In den Monaten Mai bis Oktober lagen die Belastungswerte um bis zu 50% unter den Maximalwerten. Die halbstündlichen monatlichen Maxima der SO_2-Immissionswerte erweisen eine hohe Standardabweichung. Sie variieren also innerhalb eines Monats sehr stark. Dies gilt besonders für die Sommermonate. Den mittleren monatlichen Halbstunden-Maximalwerten eignet dagegen kein deutlicher Jahresgang. Markanter heben sich nur relativ geringe SO2-Spitzenbelastungen in den Übergangsmonaten Mai und Oktober ab. Die Spitzenbelastungen hängen offenbar weniger mit Heizungsemissionen, welche die Tagesmittelwerte prägen, zusammen, als mit Kraftwerksemissionen, die mehr tages- als jahresperiodisch variieren.

Das Schadgas Stickstoffdioxid (NO_2) weist in den mittleren monatlichen Tagesmittelwerten bei geringen Standardabweichungen kaum einen Jahresgang seiner Immissionen an den drei Mannheimer Meßstationen aus (vgl. Abb. 50-52). Deutlich hebt sich nur eine mittlere Spitzenbelastung im Monat November ab. Dafür erweisen die mittleren halbstündlichen Maximalwerte der NO_2-Immissionen eher einen Jahresgang mit maximalen Werten von Juni bis August und im November, wobei im August und November auch die Standardabweichungen höher sind. Das bei den Maximalwerten angedeutete sommerliche Maximum koinzidiert mit höheren Werten der Globalstrahlung. Diese steuern offenbar eher die maximale als die mittlere tägliche Immission von NO_2.

Stickstoffmonoxid (NO) und Kohlenmonoxid (CO) weisen für 1988 im Mittel über die drei Mannheimer Meßstationen sehr ähnliche mittlere Tageswerte als auch tägliche halbstündliche Maximalwerte aus. Für CO fehlen die Oktoberwerte. Es dominieren die Immissionswerte im Oktober bzw. November und Dezember sowohl im Mittel wie in den Maxima. Tendenziell fielen vom Jahresanfang 1988 die mittleren und die maximalen Immissionswerte bis in den Juli mit seinem absoluten Minimum ab, um von diesem Zeitpunkt an das herbstlich-frühwinterliche Maximum anzustreben. Dabei koinzidieren hohe Immissionswerte auch mit hohen Standardabweichungen. Sie beinhalten also extreme tägliche "Ausreißer" nach beiden Seiten. Für beide Monoxide gilt der Kraftverkehr als Hauptemissionsquelle. Die jahreszeitlichen Immissionsunterschiede deuten einen Jahresgang der Verkehrsbelastung mit einem Minimum in der sommerlichen Ferienzeit sowie unterschiedliche Durchmischungsfähigkeiten der Atmosphäre an. Im Winterhalbjahr ist die Durchmischung der Atmosphäre vor allem über konvektive Prozesse weitgehend reduziert. Dann steigt jedoch auch der Kraftstoffverbrauch der Automotoren an. Beides erhöht die Immissionen.

Ozon (O_3) weist sowohl in den mittleren monatlichen Tageswerten als auch in den entsprechenden maximalen Halbstundenwerten einen markanten Jahresgang seiner Immissionen aus. Die mittleren Werte stiegen von Januar bis Juni kontinuierlich an und erreichten im August und Oktober 1988 ihre Maxima. Dies koinzidierte eng mit der Globalstrahlung. Bei den halbstündlich maximalen Immissionswerten wird dies noch deutlicher. Der August tritt nun ganz eindeutig hervor. Charakteristisch für ihn und den September sind die höchsten Standardabweichungen der maximalen täglichen Halbstunden-Immissionswerte des Jahres 1988.

Die Staubbelastung kulminierte im Stadtgebiet von Mannheim sowohl in den mittleren monatlichen Tagesmitteln als auch in den entsprechenden halbstündlichen Maxima primär im November, sekundär in den Monaten April bis Juni sowie im August und September. Gerade der November 1988 erwies sich in seinen Spitzenbelastungswerten fast aller Immissionen als besonders austauscharm. So blieben in ihm auch die meisten Stäube innerhalb der Agglomeration. Die Minima der Staubbelastung fielen 1988 in die niederschlagsreichsten Monate.

Die mittleren monatlichen Tagesmittelwerte der Immissionen des Jahres 1987 im Stadtgebiet von Mannheim hat T. SITZMANN (1991) im Rahmen einer Diplomarbeit analysiert. Er differenzierte dabei zwischen den Meßstationen Mannheim-Nord, -Mitte und -Süd (vgl. jeweils Abb. 53 und 54). Im Jahr 1987 hatte die Schwefeldioxid-Belastung ebenfalls ein deutliches Wintermaximum ausgewiesen, wobei die höchsten Werte an der Meßstation Mannheim-Nord registriert worden sind. Der Jahresgang der NO_2-Immissionen war 1987 ähnlich wie 1988 wenig prägnant. In Mannheim-Mitte wurden die höchsten, im Norden der Stadt die geringsten Werte gemessen. Auch 1987 zeigte der NO-Jahresgang ein eindeutiges Wintermaximum, jedoch waren damals die Februarwerte und nicht wie 1988 die Novemberwerte maximal. Ähnliches gilt für die CO-Immission. Das eigentliche Wintermaximum 1987 ist das wohl "normalere", der Novembergipfel 1988 dürfte primär wetterlagenbedingt durch extrem austauscharme Wetterlagen zu erklären sein. Die CO-Immissionen erreichten 1987 ihre maximalen Werte an der Station Mannheim-Süd, die sich insgesamt als besonders "verkehrsbelastet" zeigte. Die Werte der Ozonimmission waren sowohl 1987 wie 1988 eng an die Globalstrahlung gebunden, die Staubbelastung glich in ihrem Jahresgang von 1987 der CO- und NO-Belastung. Es war ein hochwinterliches Maximum ausgebildet. Die Station Mannheim-Mitte zeigte darin die höchsten Werte.

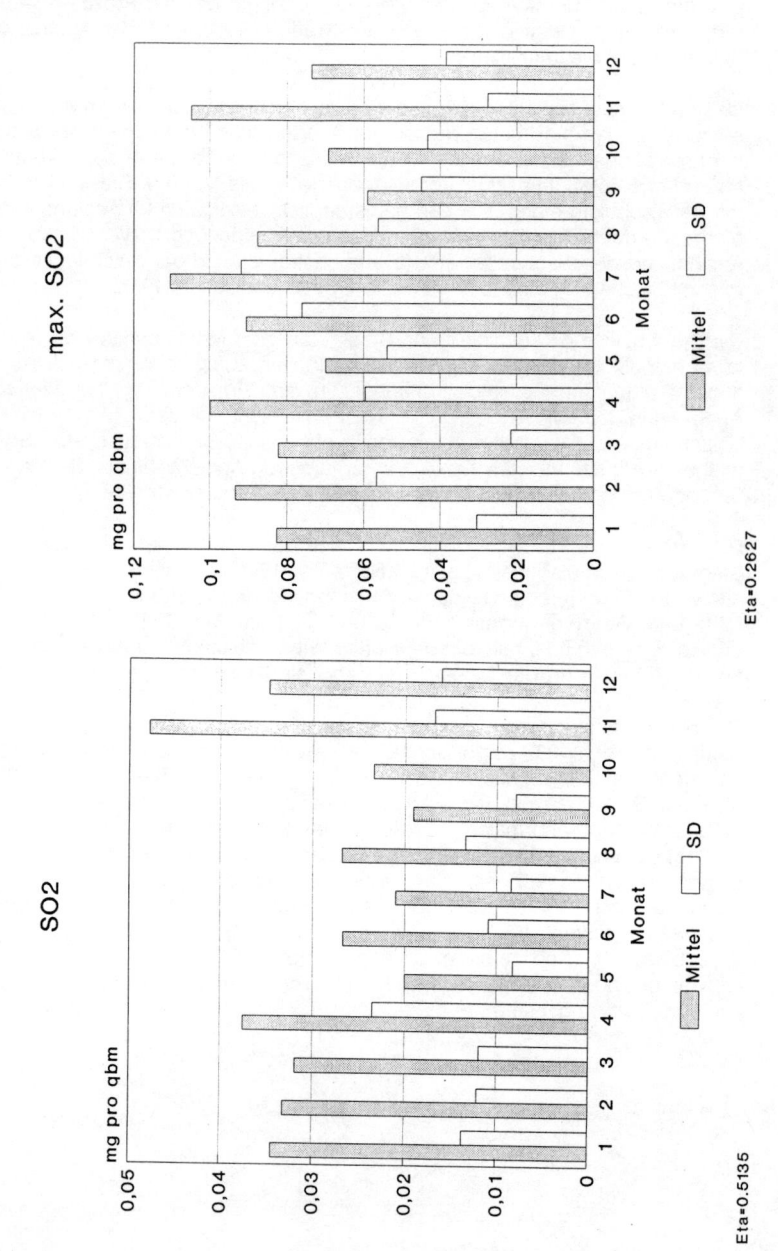

Abb. 50: Mittlere monatliche und maximale Immissionsbelastung des Jahres 1988 im Stadtgebiet von Mannheim, sowie ihre Standardabweichung (SD): SO_2, NO_2

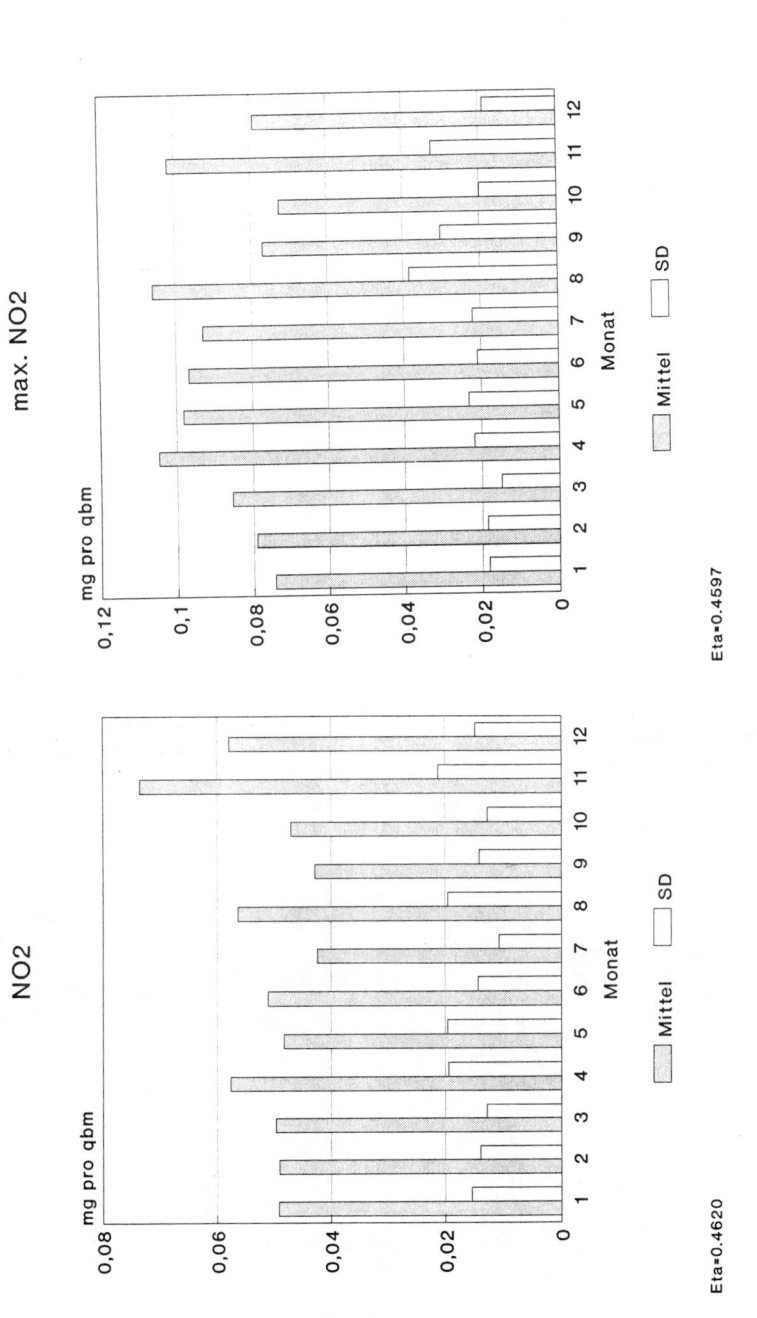

NO2

mg pro qbm

Monat

■ Mittel ☐ SD

Eta=0.4620

max. NO2

mg pro qbm

Monat

■ Mittel ☐ SD

Eta=0.4597

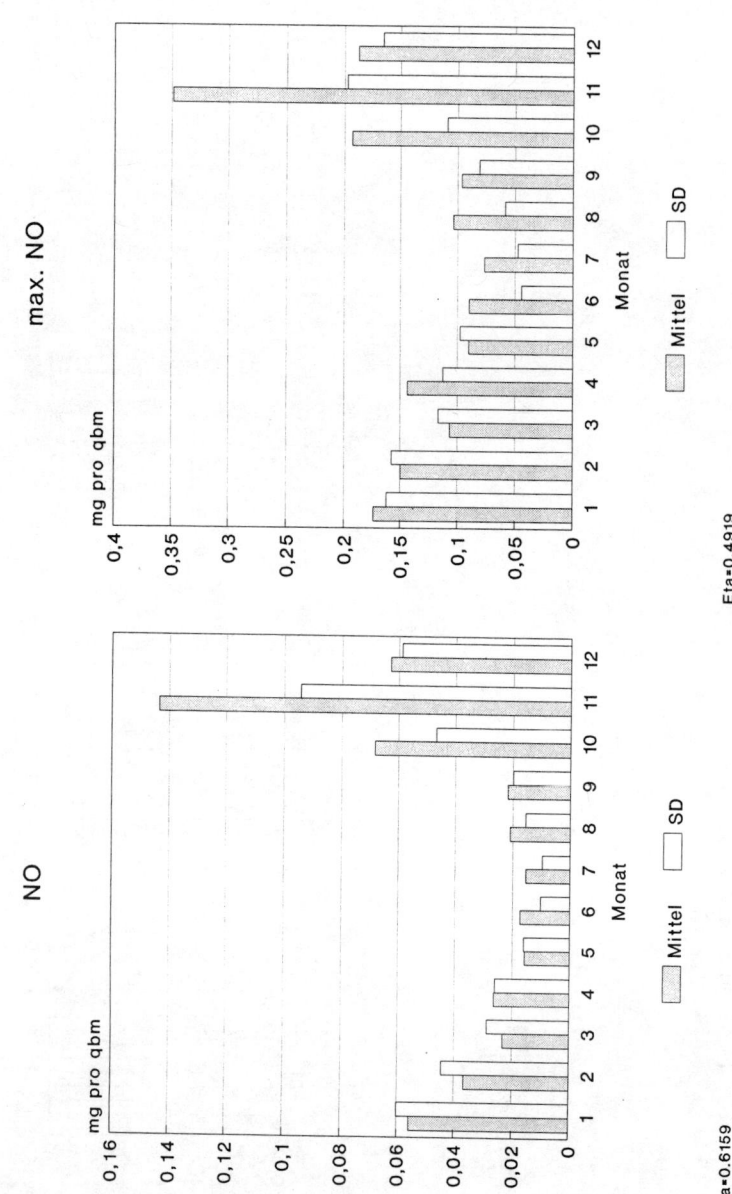

Abb. 51: Mittlere monatliche und maximale Immissionsbelastung des Jahres 1988 im Stadtgebiet von Mannheim, sowie ihre Standardabweichung (SD): NO, CO

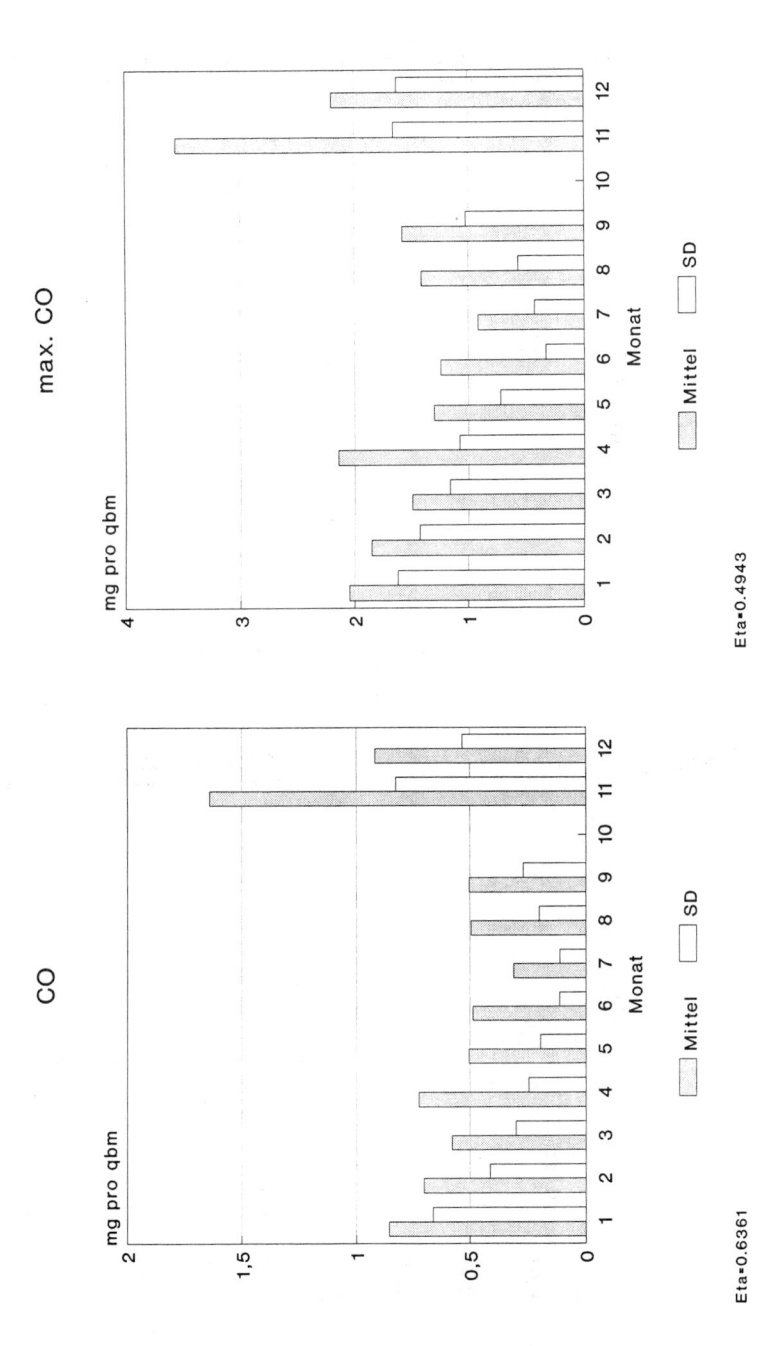

CO

max. CO

Eta=0.6361

Eta=0.4943

Abb. 52: Mittlere monatliche und maximale Immissionsbelastung des Jahres 1988 im Stadtgebiet von Mannheim, sowie ihre Standardabweichung (SD): O_3, Staub

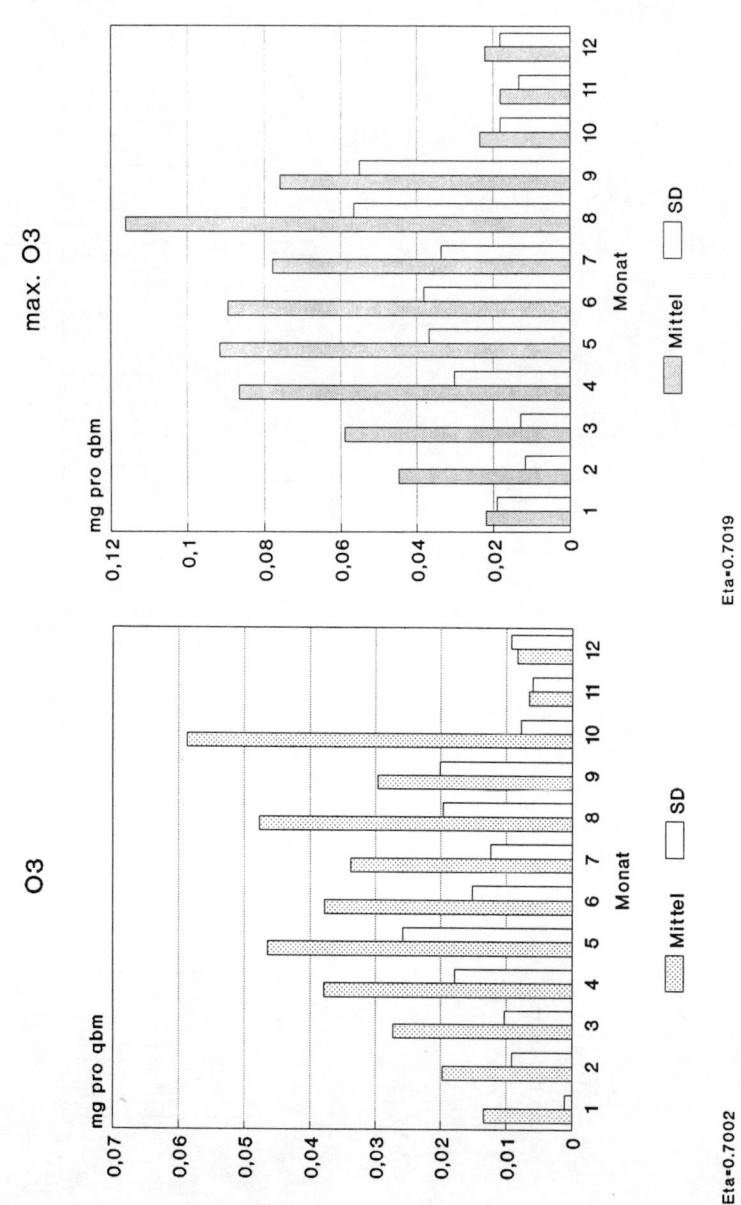

Staub

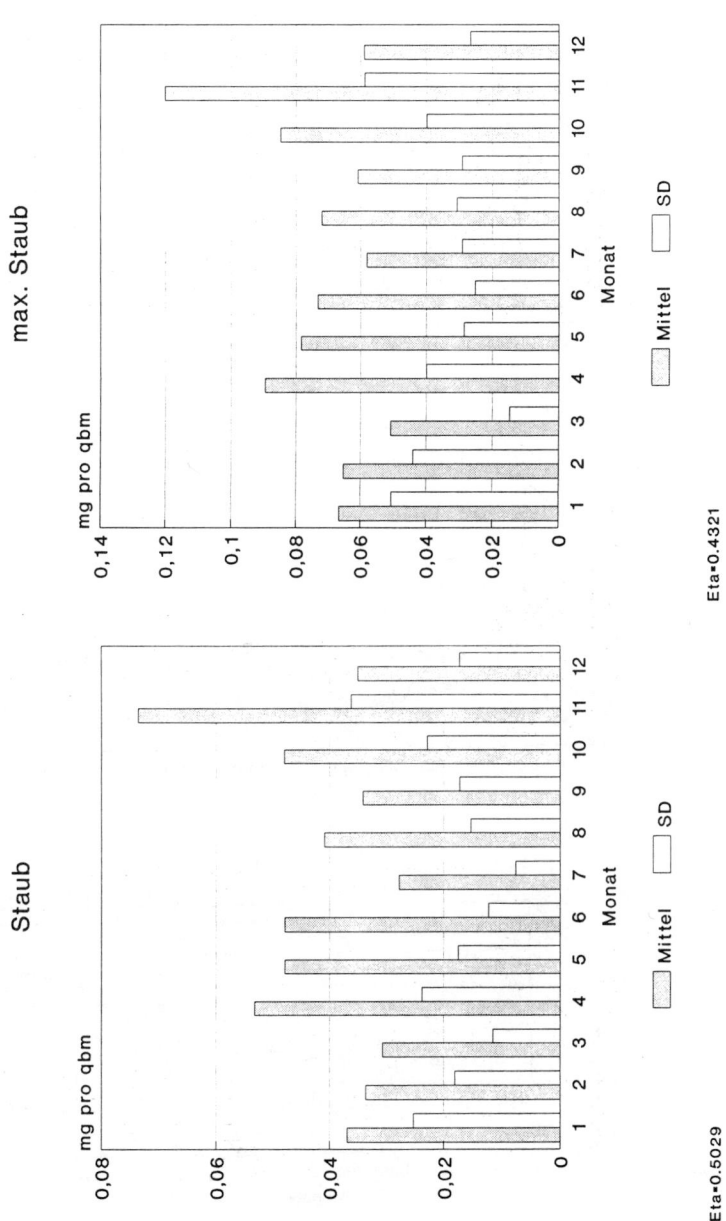

mg pro qbm

Monat

■ Mittel □ SD

Eta=0.5029

max. Staub

mg pro qbm

Monat

■ Mittel □ SD

Eta=0.4321

Abb. 53: Mittlere monatliche Tagesmittelwerte der Immissionen im Stadtgebiet von Mannheim, differenziert nach MA-Nord, MA-Mitte und MA-Süd im Jahre 1988: SO_2, CO, NO

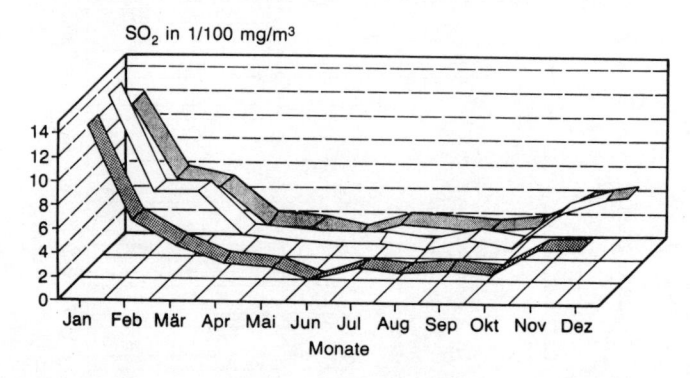

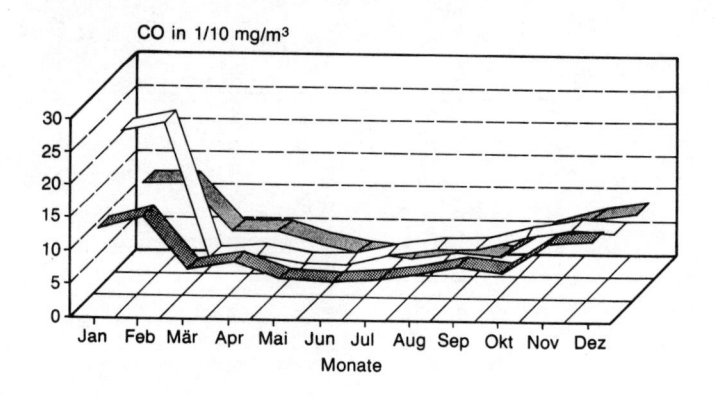

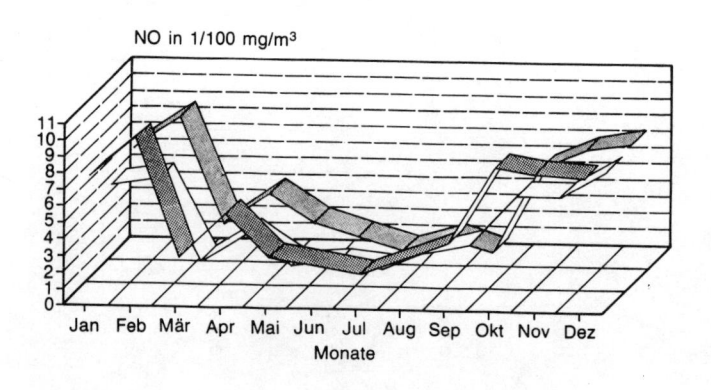

Abb. 54: Mittlere monatliche Tagesmittelwerte der Immissionen im Stadtgebiet von Mannheim, differenziert nach MA-Nord, MA-Mitte und MA-Süd im Jahre 1988: NO_2, O_3, Staub

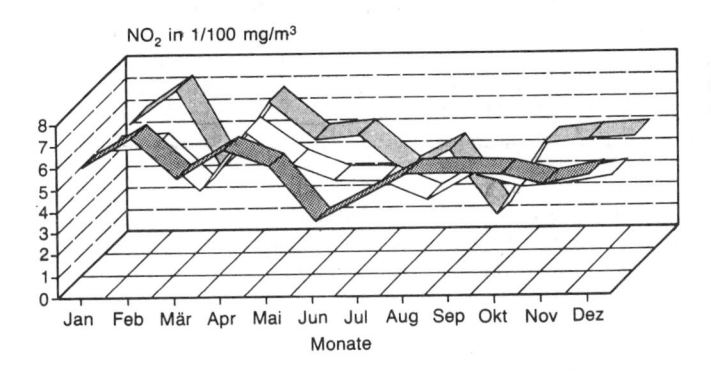

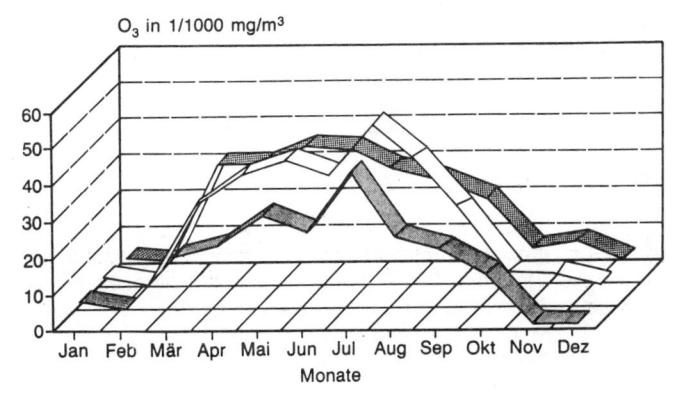

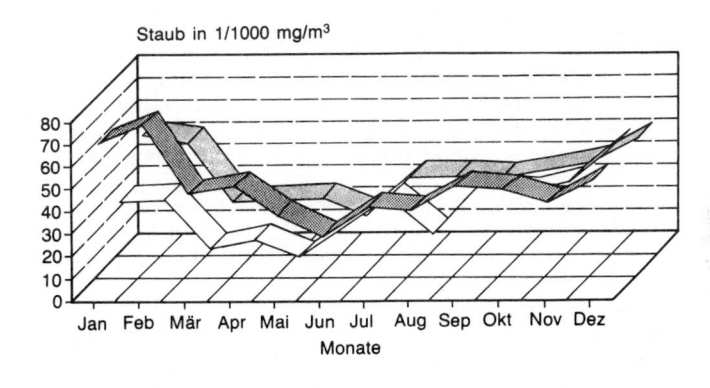

5. Ausgewählte Tagesgänge der Immissionen

Die Tagesgänge der Immissionen unterliegen ähnlichen Quellen- und Senken-Randbedingungen wie die Jahresgänge. Sie hängen von der Höhe der Emissionen, den Umwandlungen und der "Distributionsfähigkeit" der Wettersituation ab. In den Abbildungen 55 bis 58 werden so die Immissionstagesgänge von strahlungsreichen und trüben Werktagen im Juli sowie November 1988 verglichen. Die entsprechenden meteorologischen Randbedingungen sind in Abbildung 59 dargestellt. Es erweist sich im Vergleich der Abbildungen 55 bis 58 mit Abbildung 59, daß drei Faktoren die Tagesgänge der Immissionen steuern:

Die tageszeitliche Variation der anthropogenen Schadstoffimmissionen, die vertikale und horizontale Turbulenz der Atmosphäre sowie die Witterungsbedingungen, welche die Umwandlungs- und Depositionsraten der Schadstoffe steuern.

Der 9. Juli 1988 war ein leicht verregneter und zunächst relativ kühler Sommertag. Die Temperaturen blieben anfänglich wegen der hohen Bewölkung unter 20 Grad. Erst nach mittäglichem Niederschlag stiegen sie an. Analog dazu ging die relative Feuchte drastisch zurück. Um 21 Uhr kam es dann zu einem neuerlichen Niederschlagsereignis.

Der 20. Juli 1988 war ein ausgesprochener Sommertag einer autochthonen Wetterlage. Etwa zwischen 11 und 18 Uhr überschritten die Temperaturen die 25 Grad-Marke. Die relative Feuchte sank auf Werte unter 10% ab. Niederschlag, der Schadstoffe hätte auswaschen können, ist nicht gefallen.

Am 2. November 1988 herrschte bis ca. 10 Uhr eine Inversion. Mit deren Auflösung stiegen die bodennahen Temperaturen an. Nach 13 Uhr stellte sich ein hohes Niederschlagsereignis ein. Die Temperaturen fielen dabei kontinuierlich ab, die relative Feuchte stieg wieder auf ihr Inversionsniveau an.

Von den untersuchten Schadstoffkomponenten weist Schwefeldioxid relativ geringe Schwankungen im Tagesgang auf. Mit Ausnahme des 2. Novembers sind die Tagesgänge sehr heterogen. Relativ ausgeglichen sind auch die Tagesgänge von Stickstoffdioxid und Staub. Bei Stickstoffdioxid ist nur am Strahlungstag (20. Juli) ein regelrechter Gang ausgebildet. Er verläuft geradezu invers zur Globalstrahlung und damit den Temperaturen. Dies könnte von Transportvorgängen gesteuert sein. Die maximale mittägliche Konvektion hat wohl die Schadstoffe entfernt. Am 2. November zeigt sich ein Anstieg der Staubbelastung mit Auflösung der Inversion. Dem gegenüber eignen Kohlenmonoxid und Stickstoffmonoxid sowohl an Strahlungstagen als auch an trüben Tagen intradiurne Variationen. Der "trübe" 9. Juli zeitigte jedoch die minimalste CO- und NO-Belastung fast ohne Tagesgang. Die Maximalwerte am 20. Juli sowie 2. November fallen etwa mit den Zeiten der Verkehrsspitzen zusammen. Am 20. Juli liegen sie weit früher beziehungsweise später als am 2. November, an dem eine Inversion auch diese Werte beeinflußte.

Die Ozonkonzentrationen kulminieren auch im Tagesgang leicht zeitversetzt mit der Globalstrahlung. Mit Ausnahme von Ozon treten die Minimalwerte der Immissionen jeweils an den frühen Nachmittagsstunden auf, wenn der konvekte Luftaustausch maximal ist. Diese thermisch angeregte Durchmischung ist naturgemäß in der warmen Jahreszeit und an den Strahlungstagen sehr viel deutlicher ausgebildet als an trüben Tagen und in der kalten Jahreszeit. An trüben Tagen ist jedoch nicht nur der intradiurne Gang der Immissionsraten geringer, die Schadstoffkonzentrationen sind auch niedriger als an Strahlungstagen. An trüben Tagen werden Schadgasen eher in Wasser gelöst. Die Tage des 9. Juli und des 2. November 1988 erweisen um die Mittagsstunden die Entfernung von Luftverunreinigungen aus der Atmosphäre durch jeweils geringe Niederschläge (nasse Deposition). Dieses "Auswaschen" ist naturgemäß nur bei wasserlöslichen Luftverunreinigungen wie Schwefeldioxid möglich. Die Ozonkonzentration zeigt sich von Niederschlägen unbeeinflußt. Die Trübung vermindert lediglich die Neubildungsrate.

Der 2. November 1988 belegt in den Tagesgängen der Immissionen die Bedeutung einer Inversion für die Schadstoffakkumulation. Eine nächtliche Bodeninversion ließ die Schadstoffgehalte bis ca. 11.30 Uhr ansteigen. Mit Auflösung der Inversion gingen die Konzentrationswerte der Schadstoffe drastisch zurück und erreichten mit dem oben erwähnten Niederschlag gegen 14 Uhr ihr Minimum.

Abb. 55: Immissionstagesgänge im Stadtgebiet von Mannheim (1)

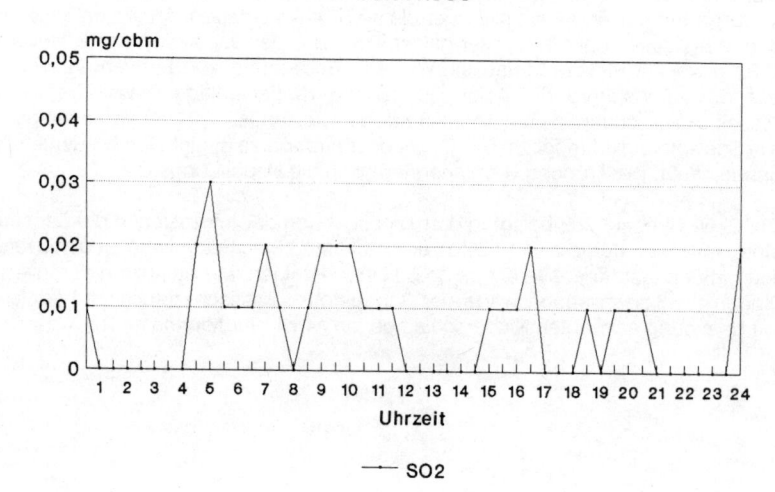

09.07.1988

— SO2

MA-Süd

09.07.1988

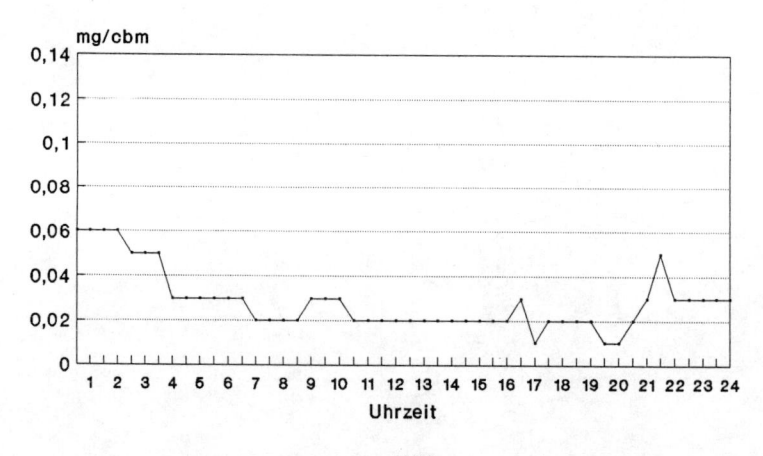

— NO2

MA-Süd

09.07.1988

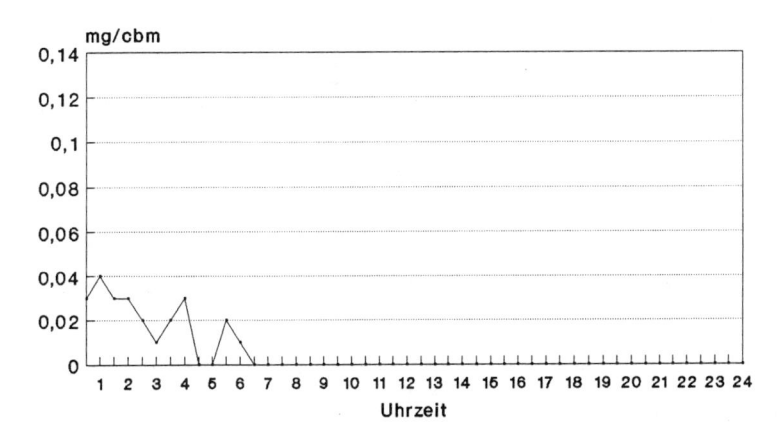

NO

MA-Süd

09.07.1988

CO

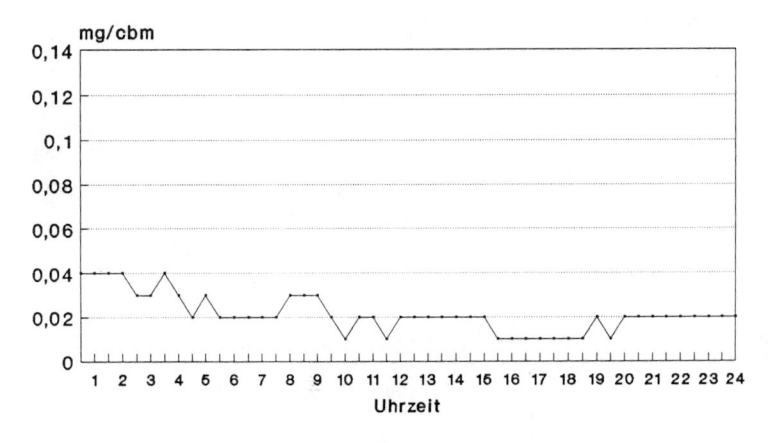

MA-Süd

Abb. 56: Immissionstagesgänge im Stadtgebiet von Mannheim (2)

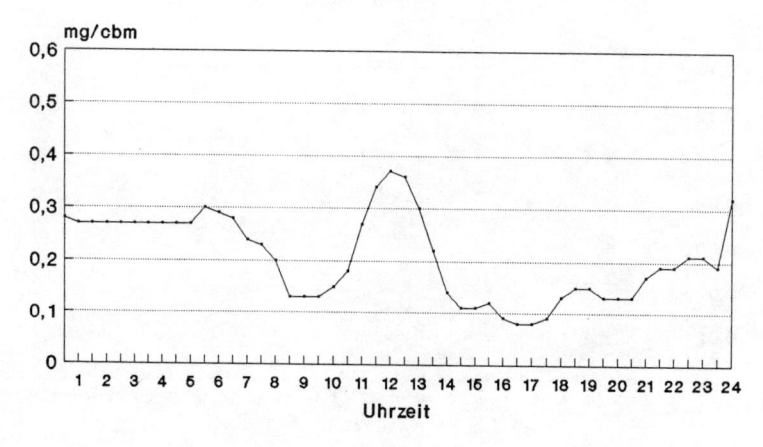

09.07.1988

Staub

MA-Süd

20.07.1988

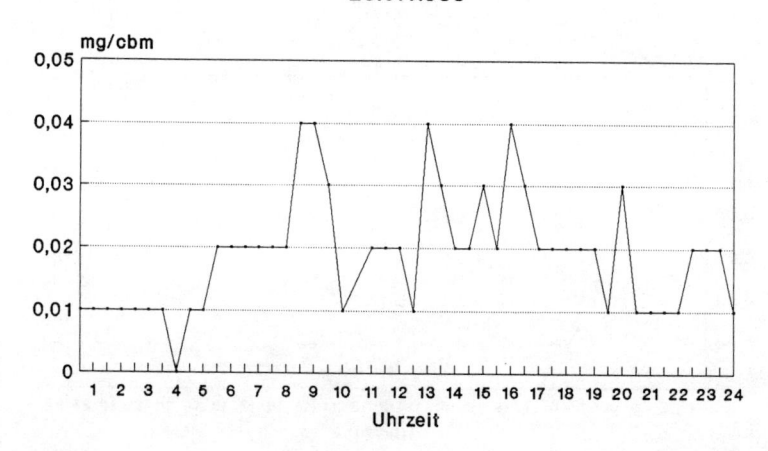

SO2

MA-Süd

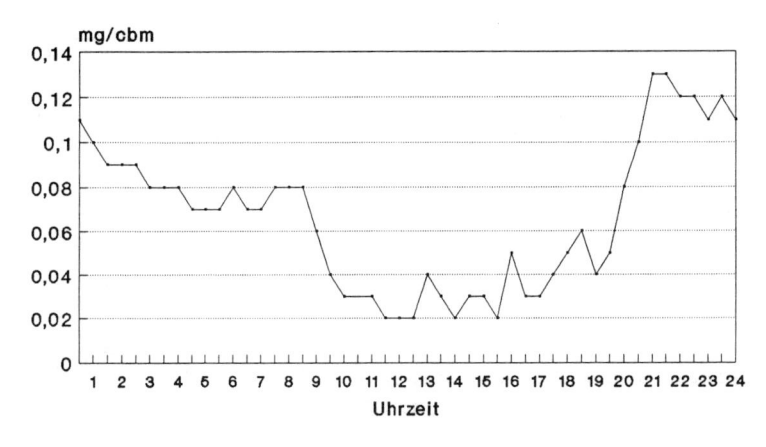

20.07.1988

NO2

MA-Süd

20.07.1988

NO

MA-Süd

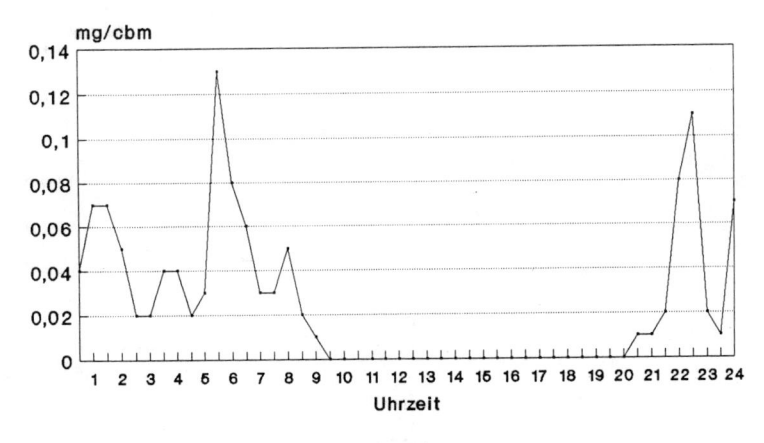

Abb. 57: Immissionstagesgänge im Stadtgebiet von Mannheim (3)

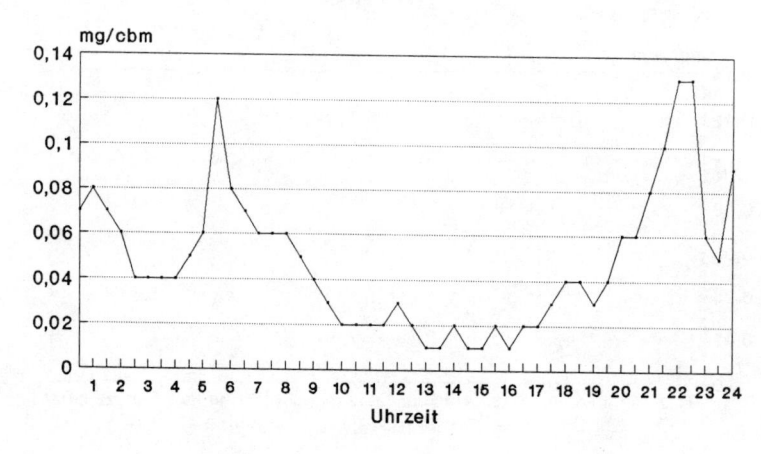

20.07.1988

— CO

MA-Süd

20.07.1988

— O3

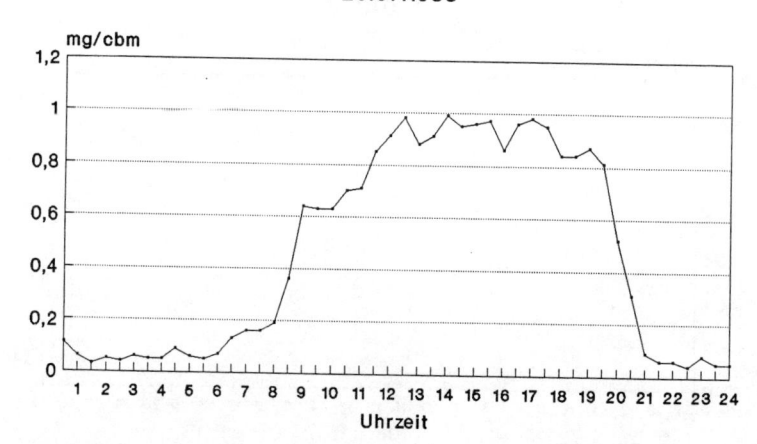

MA-Süd

20.07.1988

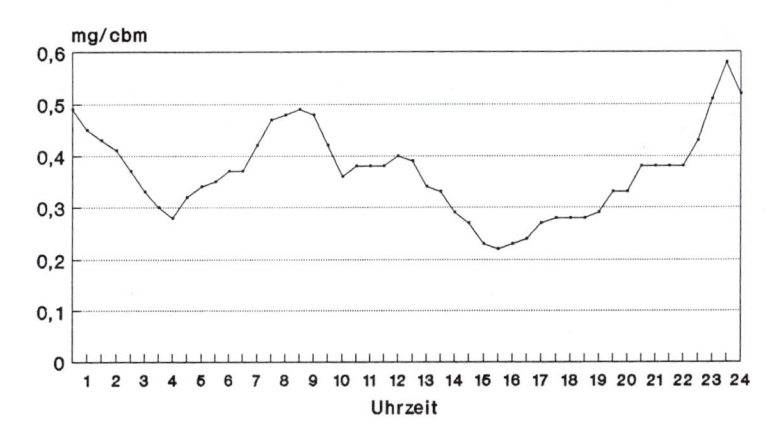

— Staub

MA-Süd

02.11.1988

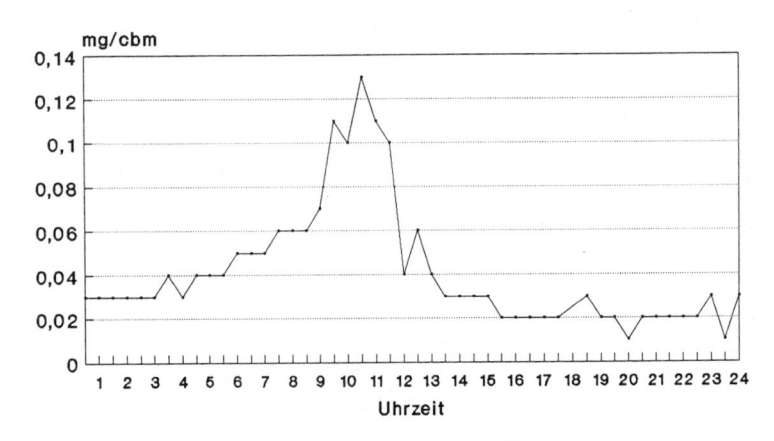

— SO2

MA-Nord

Abb. 58: Immissionstagesgänge im Stadtgebiet von Mannheim (4)

02.11.1988

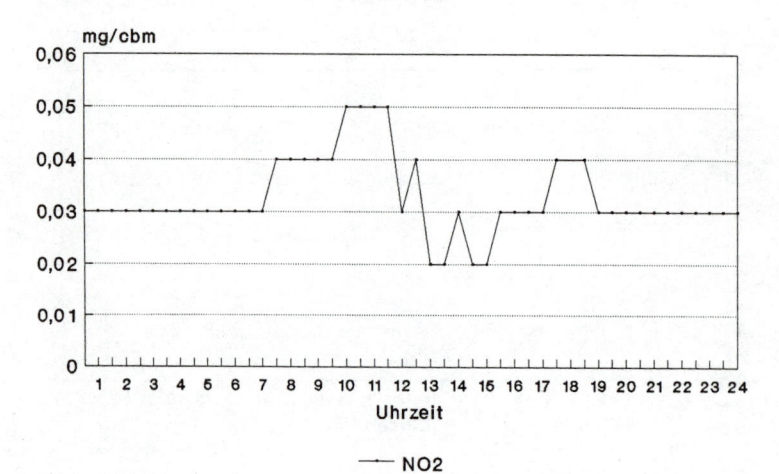

— NO2

MA-Nord

02.11.1988

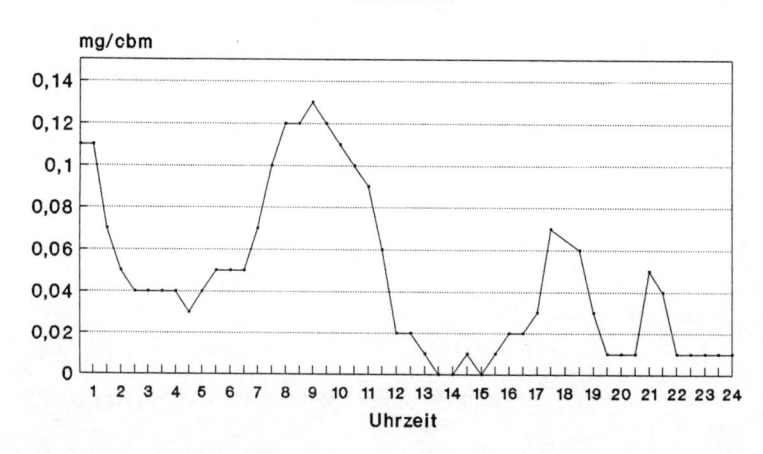

— NO

MA-Nord

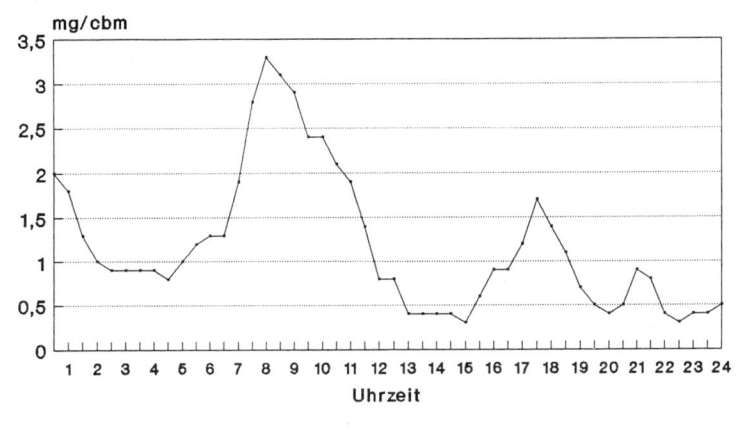

02.11.1988

CO

MA-Nord

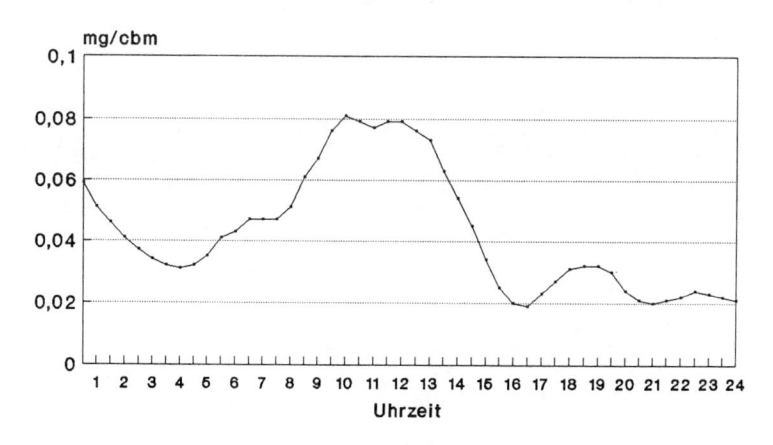

02.11.1988

Staub

MA-Nord

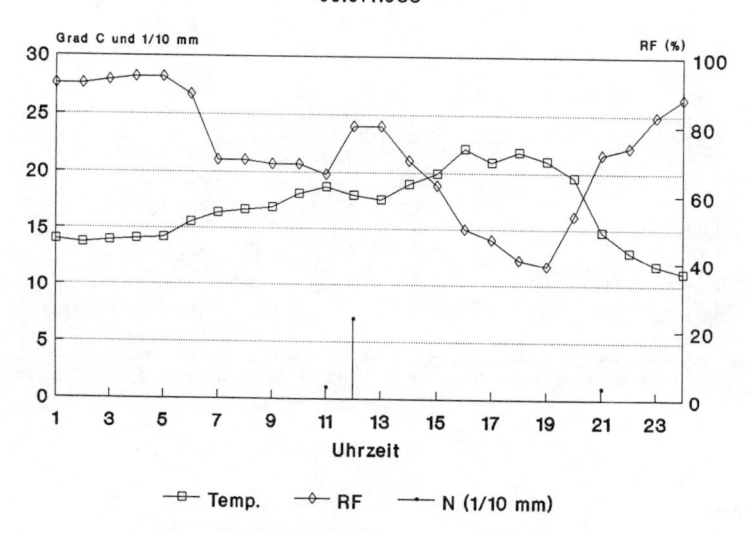

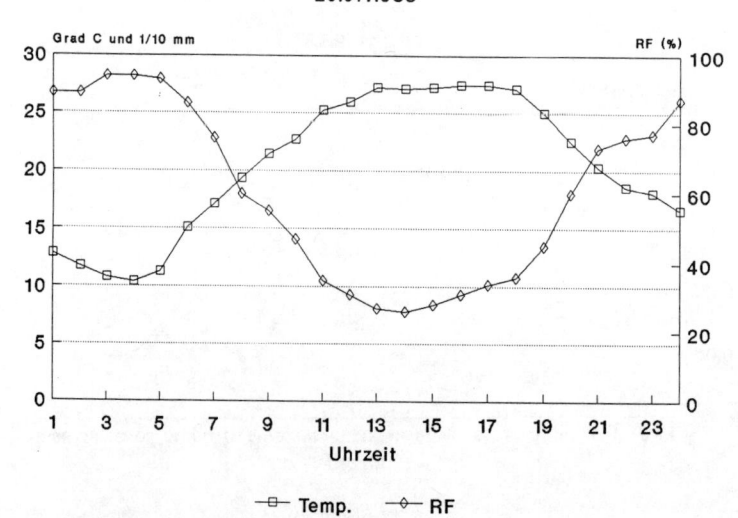

Abb. 59: Witterungsverhältnisse an den ausgewählten Tagen der Immissionsmeßgänge im Mannheimer Stadtgebiet

Witterungsverhältnisse Mannheim
02.11.1988

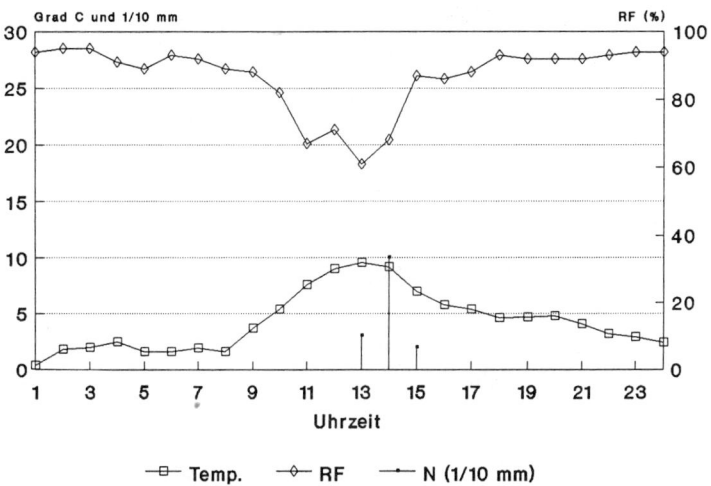

6. Periodizitäten der Schadstoffkonzentration

Zur Ermittlung typischer Frequenz- und Periodenbereiche der mittleren täglichen Immissionswerte wurden die über alle drei Meßstationen gemittelte Tageswerte des Jahres 1988 für jeden Schadstoff einer Varianzspektrumanalyse unterzogen (vgl. Abb. 60 und 61). Für alle Schadstoffkomponenten hebt sich der zunächst etwa 7 beziehungsweise 14tägige Wochenrythmus markant im Spektrum ab. Bei SO_2 liegt dieser Peak-Bereich zwischen fünf und acht Tagen. Bei NO_2 schwanken die Werten zwischen vier und 24 Tagen sehr stark. Sie sind kaum interpretierbar. Bei NO und CO tritt bei sechs Tagen ein Minimum auf. Die höchsten Werte werden bei 14 bis 36 Tagen erreicht. Dies müßte dem Verkehrsrythmus folgen. Alle 14 Tage beziehungsweise drei bis vier Wochen erfolgt offenbar eine Spitzenbelastung des Verkehrs, welche deutlicher ausgeprägt ist als der Wochenrythmus. Bei O_3 ist das Bild der Power-Spektren-Werte wieder sehr heterogen. Maxima liegen bei zehn, 14 und 24 Tagen. Dies ist wohl ein Bild des wiederkehrenden Rythmusses von Strahlungstagen. Bei Staub ist der Wochenrythmus bei sieben Tagen auch nur angedeutet, bei 14 Tagen ist er stark ausgeprägt. Es dominiert die 24tägige Periodizität.

Der Arbeitsrythmus paust sich in den Industrie- und Verkehrsemissionen durch. Am schwächsten ist dieser Wochenrythmus also bei Ozon und Stickstoffdioxid ausgebildet. Beide unterliegen chemischen Umwandlungsprozessen in der Atmosphäre. Die sich teilweise abzeichnende 10tägige Periodizität beruht möglicherweise auf einer doppelten mittleren Großwetterlagenandauer. Vor allem tritt eine 24 beziehungsweise 36tägige Periodizität auf. Dahinter verbirgt sich eigentlich der Jahresgang der Immissionsraten. Eine einzelne Phase im Jahresgang dauert also kaum einmal so lange wie der "willkürliche" Kalendermonat.

Die zeitliche Persistenz der Immissionskonzentration ist in der Zeitreihe der Tagesmittelwerte der einzelnen Schadstoffe über Autokorrelation ausgedrückt worden (vgl. Abb. 62). Bei ein bis drei Tagen erfolgt generell ein deutlicher Abfall der Autokorrelationskoeffizienten. Dies belegt die hohe interdiurne Veränderlichkeit der Konzentrationswerte der Luftverunreinigungen. Die höchste zeitliche Erhaltungsneigung eignet deutlich NO_2. Stickstoffmonoxid erweist die geringste Persistenz. SO_2, O_3 und Staub haben mittlere Erhaltungsneigungen ihre Konzentrationen. CO fällt demgegenüber etwas ab. Insgesamt erweisen die beiden Monoxide die geringste Persistenz.

Abb. 60: Varianzspektrumanalyse der mittleren täglichen Immissionswerte im Stadtgebiet von Mannheim für alle Tage des Jahres 1988 (1)

Powerspektrum SO2

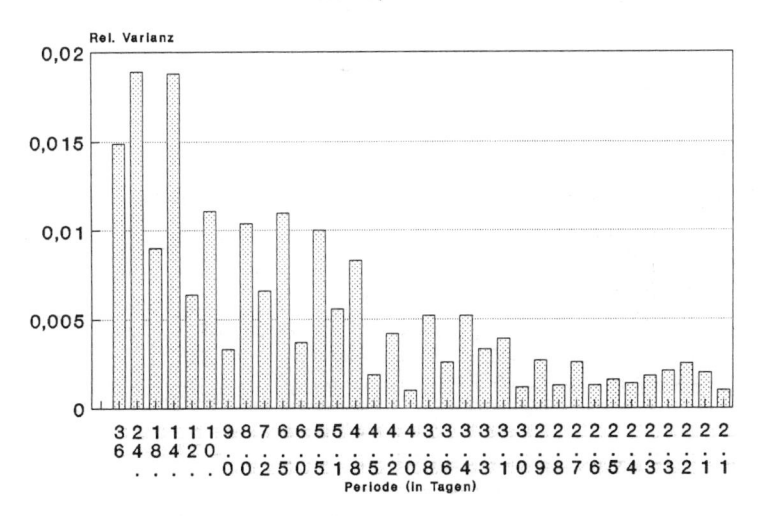

Powerspektrum NO2

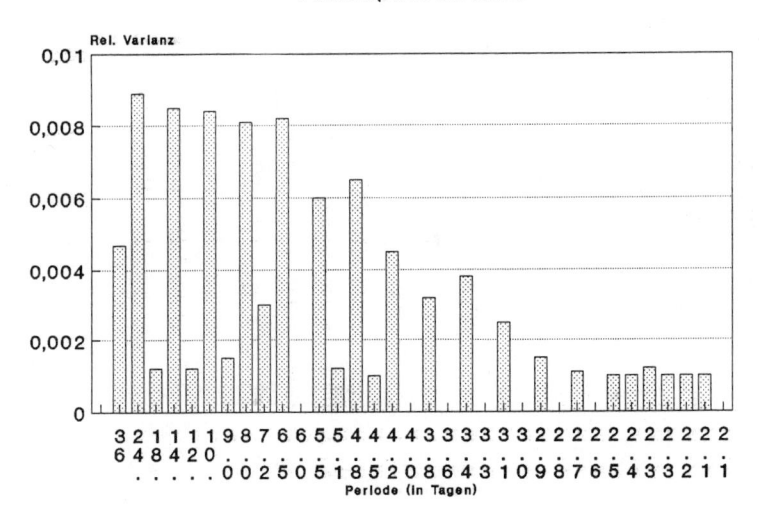

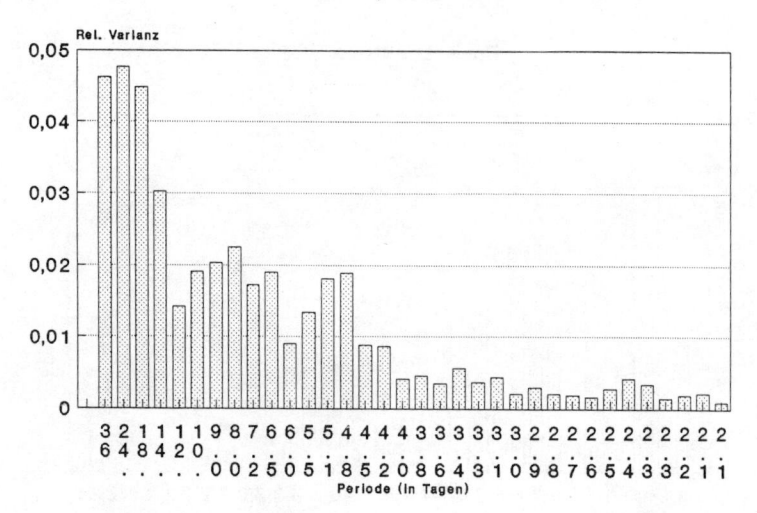

Abb. 61: Varianzspektrumanalyse der mittleren täglichen Immissionswerte im Stadtgebiet von Mannheim für alle Tage des Jahres 1988 (2)

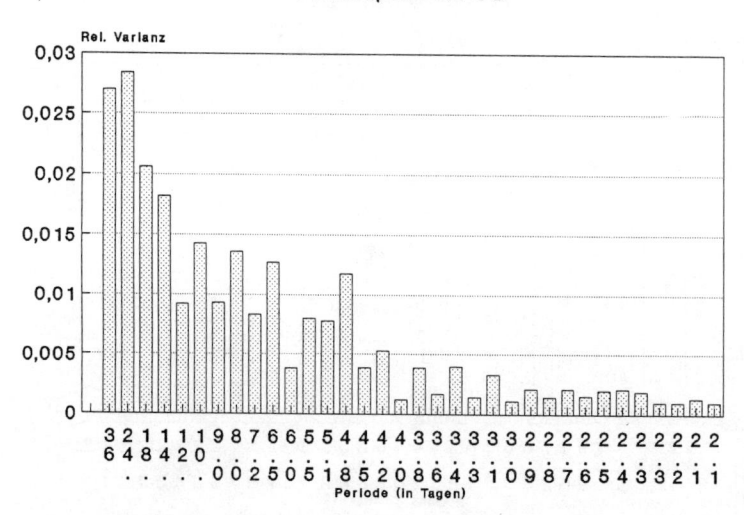

Powerspektrum O3

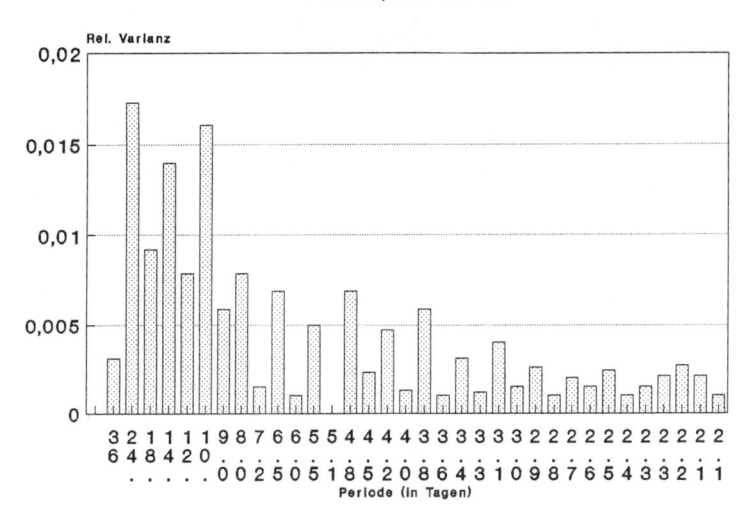

Powerspektrum Staub

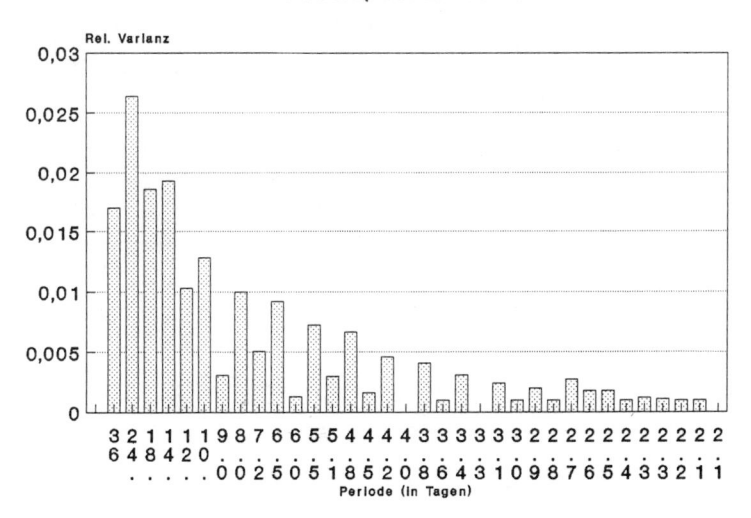

Abb. 62: Autokorrelation der Zeitreihe der Schadstoffimmissionen als Ausdruck ihrer Persistenz

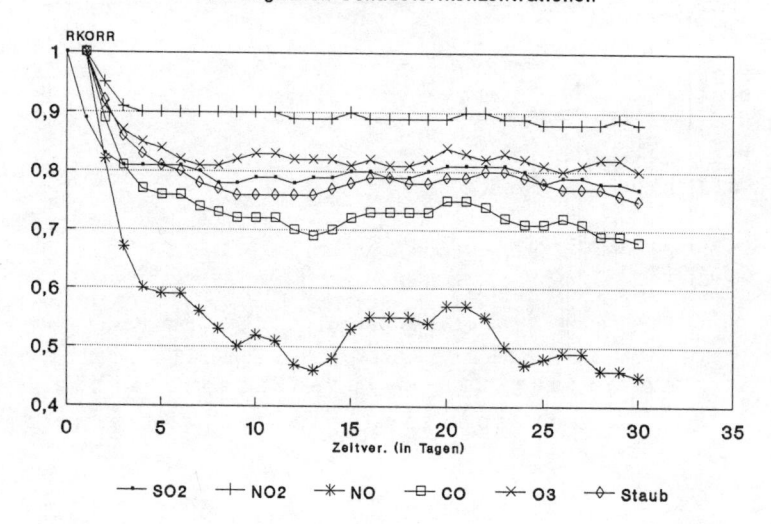

Autokorrelationskoeffizienten
der täglichen Schadstoffkonzentrationen

7. Die Wetterlagenabhängigkeit der Schadstoffkonzentration

Die Immissionskonzentration an den Meßstellen hängt wesentlich von den meteorologischen Randbedingungen der Wetterlagen ab. Diese prägen die Austauschparameter. Sie steuern die chemische Umwandlung von Luftschadstoffen, ihren Ferntransport und damit die "Import-Export-Bilanz". Die Wetterlagenabhängigkeit der Schadstoffkonzentration über die drei Mannheimer Meßstationen wurde ermittelt, indem für jede Großwetterlage des Jahres 1988 die differenzierten Tagesmittel der Luftbelastung errechnet wurden. Die Großwetterlagen sind dabei nach HESS/BREZOWSKY (1977) systematisiert worden. Die Klassifizierung der Strömungsmuster und die Zuordnung der Tage zu Wetterlagen geschah nach den BERLINER WETTERKARTEN. Die großwetterlagenabhängigen Tagesmittel der Schadstoffkonzentrationen wurden auf die Signifikanz ihrer Differenz zu den Tagesmitteln der Gesamtperiode getestet. Lediglich für sechs der 24 klassifizierten Großwetterlagen konnte keine auf dem 95%-Niveau signifikanten Differenzen zu den Tagesmitteln der Gesamtperiode konstatiert werden. Von allen untersuchten Luftschadstoffen eignete NO_2 die geringste Abhängigkeit der Konzentration von den Wetterlagen.

Hohe SO_2-Konzentrationen traten in Mannheim im Jahre 1988 vor allem bei antizyklonalen Südlagen (SA) auf (vgl. Tab.7). An den entsprechenden Tagen lagen die SO_2-Immissionen um nahezu 100% über dem Jahresmittel der Tageswerte. SO_2-Konzentrationen, die diese Mittelwerte um ca. 50% übertrafen, wurden während der Wetterlagen HNA, HFZ und NWA registriert. Geringe Immissionen von SO_2 verzeichnete Mannheim im Jahre 1988 während der Troglage Westeuropa (TRW), der zyklonalen Südlage (SZ) und des antizyklonalen Hochs über Fennoskandien (HFA).

Die Großwetterlagen hoher SO_2-Immissionen in Mannheim waren auch die hoher NO_2-Immissionen (SA, HFZ und NWA). Die niedrigsten Stickstoffdioxidwerte wurden bei zyklonalen und südlichen Westlagen (WZ, WS) sowie an Tagen der Wetterlage HFZ registriert. Überdurchschnittlich hohe Belastungen der Mannheimer Luft mit SO_2 und NO_2 sind mit einem hohen Staubgehalt der Luft verbunden, insbesondere an Tagen der Wetterlagen SA und HFZ (vgl. Tab. 7). Westlagen bewirken mit ihren höheren Windgeschwindigkeiten negative Anomalien der Staubbelastung von dem entsprechenden Mittel.

Stickstoff- und Kohlenmonoxid reichern sich in der Atmosphäre der Agglomeration Mannheim vornehmlich bei antizyklonalen Wetterlagen südlicher bzw. nördlicher Strömungsrichtung an. Es sind dies besonders austauscharme Wetterlagen. Die geringsten Immissionen von CO und SO wurden an Tagen der südlichen Westlage (WS) registriert.

Die höchsten Ozonkonzentrationen traten 1988 in Mannheim während der strahlungsreichen Wetterlagen auf: Blockierendes Hoch im Raum des Nordmeeres (HNA) beziehungsweise Blockierendes Hoch über Norwegen (HNFA). Die geringsten Ozonimmissionen registrierten die drei Mannheimer Meßstationen während der Südlagen des Jahres 1988: SZ, SEA und SA.

Tab. 7: Mittlere wetterlagenabhängige Schadstoffkonzentration (Tagesmittel pro Wetterlagentag in mg/qbm Luft) in Mannheim 1988

GWL	n	SO_2	NO_2	NO	CO	O_3	Staub
WZ	57	0.0243	0.0394	0.0191	0.4330	0.0266	0.0244
WW	17	0.0334	0.0501	0.0375	0.6852	0.0188	0.0274
WS	12	0.0243	0.0392	0.0042	0.3277	0.0414	0.0229
WA	29	0.0249	0.0572	0.0489	0.7557	0.0278	0.0431
TRW	18	0.0165	0.0489	0.0203	0.5527	0.0378	0.0383
TRM	12	0.0258	0.0434	0.0145	0.3972	0.0331	0.0285
TM	12	0.0209	0.0468	0.0155	0.4763	0.0303	0.0429
TB	9	0.0201	0.0411	0.0097	0.2592	0.0421	0.0244
SZ	4	0.0165	0.0472	0.0936	1.2750	0.0034	0.0438
SWZ	5	0.0271	0.0659	0.0212	0.5933	0.0340	0.0341
SWA	17	0.0363	0.0604	0.0912	1.2490	0.0162	0.0542
SEA	9	0.0227	0.0503	0.0935	1.4333	0.0047	0.0688
SA	3	0.0521	0.0861	0.2430	2.4556	0.0047	0.1125
NZ	9	0.0301	0.0495	0.0203	0.5611	0.0208	0.0327
NWZ	35	0.0329	0.0574	0.0480	0.7657	0.0140	0.0354
NWA	19	0.0423	0.0699	0.1193	1.4570	0.0078	0.0547
HNZ	5	0.0292	0.0657	0.0517	0.9800	0.0378	0.0580
HNFA	11	0.0275	0.0333	0.0187	0.4333	0.0715	0.0434
HNA	9	0.0434	0.0510	0.0129	0.5667	0.0509	0.0563
HM	9	0.0258	0.0589	0.0326	0.6815	0.0467	0.0517
HFZ	3	0.0430	0.0833	0.0433	1.1667	0.0321	0.0712
HFA	11	0.0186	0.0432	0.0127	0.4909	0.0652	0.0558
HB	13	0.0253	0.0466	0.0171	0.4782	0.0452	0.0487
BM	38	0.0323	0.0511	0.0318	0.6109	0.0291	0.0454
Mittel	38	0.0284	0.0507	0.0396	0.6978	0.0282	0.0406

Klassifiziert man die Großwetterlagen des Jahres 1988 über Mannheim zu den Strömungstypen "zonal", "meridional" und "gemischt", so erhöht sich die Signifikanz der Beziehung von Immissionskonzentration und atmosphärischen Zirkulationsgeschehen (vgl. Tab.8). Im Mittel treten in Mannheim bei Vorherrschen zonaler Zirkulationsstruktur unterdurchschnittliche Schadstoffkonzentrationen auf. Dies gilt besonders für die Staubbelastung, am wenigsten für die Ozonkonzentration. Gerade die zyklonalen Strömungsstrukturen des Zonaltyps sind durch eine labile Schichtung gekennzeichnet, die Die Schadstoffausbreitung begünstigen, wodurch die Konzentrationen nahe den Quellen sinken.

Bei gemischter Zirkulationsform, treten in Mannheim unter Ausnahme von O_3 überdurchschnittliche Schadstoffkonzentrationen auf.

Meridionale Zirkulationsstrukturen gingen in Mannheim im Jahre 1988 mit überdurchschnittlichen Ozon- und Schwebstaubkonzentrationen, durchschnittlicher CO- und NO_2-Belastung sowie leicht unterdurchschnittlichen Immissionen von SO_2 und NO einher.

Tab. 8: Schadstoffkonzentration in Abhängigkeit von der großräumigen Zirkulationsstruktur (Tagesmittel in mg/qbm Luft) in Mannheim 1988

	zonal	gemischt	meridional	Mittel
SO_2	0.0258	0.0327	0.0256	0.0284
NO_2	0.0454	0.0563	0.0494	0.0507
NO	0.0278	0.0540	0.0341	0.0396
CO	0.5407	0.8426	0.6841	0.6978
O_3	0.0273	0.0220	0.0368	0.0282
Staub	0.0294	0.0450	0.0469	0.0406
n	115	135	108	

An allen drei Meßstellen wurden 1988 die höchsten Immissionswerte bei übergeordneten nordwestlichen und südwestlichen Strömungen registriert (vgl. Tab. 9). Auf Grund der topographischen Lage der Stadt im Oberrheingraben werden diese Strömungen jedoch in talparallele Nord- bzw. Südwinde umgelenkt. So kann in Mannheim eine nordwestliche Höhenströmung zu einem bodennahen Südwind und eine südliche Höhenströmung zu einem bodennahen Nordwind führen (vgl. LUFTREINHALTEPLAN MANNHEIM 1988). Angesichts der vor allem autochthonen Immissionsquellen im Rhein-Neckar-Raum ist somit aus den Belastungswerten der Großwetterlagentagen bzw. der Zirkulationstypentagen nicht direkt auf die Lage der Emittenten zu schließen. Die eher autochthonen Emissionsquellen von Luftschadstoffen bedeuten für den Mannheimer Raum auch, daß die allgemein als besonders schadstoffbürtig erachteten Wetterlagen der Hochdruckbrücke über Mitteleuropa, der Ost- und der Nordostlagen im Jahre 1988 für das Stadtgebiet nur für die Komponenten Schwebstaub und Ozon überdurchschnittliche Immissionskonzentrationen erbrachten.

Tab. 9: Mittlere strömungsabhängige Schadstoffkonzentration (Tagesmittel pro Strömungslagentag im mg/qbm Luft) in Mannheim 1988

Strömungslage	SO_2	NO_2	NO	CO	O_3	Staub
West	0.0258	0.0454	0.0278	0.5407	0.0273	0.0294
Südwest	0.0342	0.0616	0.0753	1.1000	0.0202	0.0497
Nordwest	0.0362	0.0594	0.0731	1.0089	0.0118	0.0422
Hoch	0.0310	0.0526	0.0320	0.6244	0.0325	0.0467
Tief	0.0210	0.0469	0.0155	0.4763	0.0303	0.0429
Nord	0.0301	0.0492	0.0199	0.5423	0.0379	0.0430
Ost	0.0245	0.0485	0.0192	0.5999	0.0604	0.0563
Südost	0.0227	0.0503	0.0936	1.4333	0.0047	0.0688
Süd	0.0206	0.0499	0.0458	0.7279	0.0319	0.0418
Mittel	0.0284	0.0507	0.0396	0.6978	0.0282	0.0406

8. Zusammenfassung

Neben ihren klimatischen Besonderheiten zeichnen sich städtische Agglomerationen durch hohe Emissionen und Immissionen von Luftschadstoffen aus. Gerade der Ballungsraum Mannheim-Ludwigshafen weist eine hohe Industrie- und Verkehrsdichte auf. Angesichts der besonderen orographischen Lage dieses Verdichtungsraumes im Oberrheingraben, der von Natur aus weniger gut durchlüftet ist als etwa vergleichbare Regionen in Norddeutschland, bot sich deshalb als Ergänzung zu den Untersuchungen zur Wetterlagenwirksamkeit eine Analyse der Immissionswerte an.

Besonderes Augenmerk galt den mittleren sowie extremen Immissionswerten und ihrer Abhängigkeit von den Wetterlagen. Die Arbeit basierte dabei auf Meßwerten des Jahres 1988 der drei Meßstationen des Landesamtes für Umweltschutz Baden-Württemberg im Mannheimer Stadtgebiet, an denen im Halbstundentakt in der Einheit mg/m3 Luft die Immittenten Stickstoffmonoxid (NO), Stickstoffdioxid (NO_2), Schwefeldioxid (SO_2), Ozon (O_3), Schwebstaub und Kohlenmonoxid (CO) registriert werden. Zur Beurteilung der lufthygienischen Situation in Mannheim im Jahre 1988 wurden die Grenz- und Richtwerte einer Reinluftstation (Schauinsland/Schwarzwald) sowie die Immissionsgrenzwerte der TA Luft beziehungsweise die MIK-Werte nach VDI 2310 herangezogen (vgl. Kap. 3).

Die Immissionskonzentration an den Meßstationen wird primär von den meteorologischen Randbedingungen der Wetterlagen beeinflußt, steuern diese doch die chemische Umwandlung von Luftschadstoffen, ihren Ferntransport und damit die "Import-Export-Bilanz" entscheidend. Nach "Testung" der großwetterlagenabhängigen Tagesmittel der Schadstoffkonzentration auf die Signifikanz ihrer Differenz zu den Tagesmittel der Gesamtperiode (vgl. Kap. 7) bleiben folgende Ergebnisse festzuhalten: Hohe SO_2-Konzentrationen traten in Mannheim im Jahre 1988 vor allem bei antizyklonalen Südlagen (SA) auf. Geringe Immissionen von SO_2 verzeichnete Mannheim während der Troglage Westeuropas (TRW), der zyklonalen Südlage (SZ) und des antizyklonalen Hochs über Fennoskandien (HFA). Die Großwetterlagen hoher SO_2-Konzentration waren zugleich auch die hoher NO_2-Immission. Überdurchschnittlich hohe Belastungen der Mannheimer Luft mit SO_2 und NO_2 sind mit Tagen hoher Staubbelastung verbunden, insbesondere an Tagen der Wetterlagen SA und HFZ. Stickstoff- und Kohlenmonoxid reichern sich in der Atmosphäre der Agglomeration Mannheim vornehmlich bei antizyklonalen Wetterlagen südlicher bzw. nördlicher Strömungsrichtung an. Es sind dies besonders austauscharme Wetterlagen. Die höchsten Ozonkonzentrationen traten während der strahlungsreichen Wetterlagen HNA und HNFA auf.

Nimmt man abschließend (vgl. Kap. 7) eine Klassifizierung der Großwetterlagen zu den Strömungstypen "zonal", "meridional" und "gemischt" vor, fällt auf, daß in Mannheim beim Vorherrschen zonaler Zirkulationsstruktur im Mittel unterdurchschnittliche Schadstoffkonzentrationen, besonders bei der Staubbelastung, auftreten. Als Pendant konnte die gemischte Zirkulationsform mit überdurchschnittlichen Schadstoffkonzentrationen (Ausnahme O_3) ausgemacht werden. Bei den meridionalen Zirkulationsstrukturen bot sich ein differentes Bild: Überdurchschnittlichen Ozon- und Schwebstaubkonzentrationen standen durchschnittliche CO sowie

NO_2-Belastungen und leicht unterdurchschnittliche Immissionen von SO_2 und NO gegenüber.

9. Summary

In addition to the climatical peculiarities, urban agglomerations are distinguished by high emissions and immissions of harmful substances in the air. In particular, the conurbation Mannheim-Ludwigshafen has a high level of industry and traffic. In view of the peculiar orographical location of the conurbation in the "Oberrheingraben", which nature ventilates less thoroughly than similar regions in Northern Germany, an addition to the researches of the effectiveness of the weather situation presented itself.

Special attention had been paid to the middle and extreme rates of immissions and their dependency on the weather situation. The work is based on readings taken in 1988 from three weather stations in the Mannheim area which belong to the federal office for conservation in Baden-Württemberg. Readings of immittent nitrogen monoxide (NO), nitrogen dioxide (NO_2), sulphur dioxide (SO_2), ozone (O_3), floating dust and carbon dioxide (CO_2) were registered half-hourly at the unit mg/m³ air. In order to judge the state of atmospheric pollution in Mannheim in 1988, the limits and approximate figures of a pure air station ("Reinluftstation" Schauinsland) and the immission limits of the "TA-air" or the "MIK-rates" according to VDI 2310 (see chapter 3) are included.

The immission concentrations at the weather stations is influenced in the main by meteorological conditions of peripheral importance to the weather situation. However, these meteorological conditions control to a large extend the chemical changes of harmful substances in the air, their transport over long distances and thus the import-export-balance. After having examined the importance of the discrepancy between the daily average of the harmful substances, which depend on the general weather situation, and the daily average of the whole period (see chapter 7), the following results were recorded.

In 1988 there were high concentrations of SO_2 in Mannheim, especially in the anticyclical southern aspect (SA). Low immissions of SO_2 were noted during the glaciated situation of Western Europe (TRW), the cyclical southern aspect (SZ) and the anticyclical high pressure over Fennoscandia (HFA). The general weather situation of high concentrations of SO_2 produced concurrently high immissions of NO_2.

Above average levels of SO_2 and NO_2 are connected to days of high dust pollution, especially on days, when weather situations SA and HFZ are present.

Nitrogen dioxide and carbon monoxide increase in the atmosphere of the Mannheim agglomeration when the weather situation is anticyclical and when the aerodynamic flow comes from the north or the south. These weather situations are especially low in exchange. The highest concentration of ozone occured during weather situations of intensive radiation, called HNA and HNFA.

If the general weather situation is classified into different aerodynamic types "zonal", "meridional" and "mixed" (see chapter 7), we can see that under-average levels of harmful substances are present in Mannheim when the zonal circulation structure predominates. This is especially true when dust pollution is present. The mixed form of circulation is the counterpart to it for it has a concentration of harmful substances that is above the average (except O_3). By contrast, when one analyses the meridional circulation structure the picture presented is quite different. On the one hand, there are concentrations of ozone and floating dust that are above average, on the other hand there is average pollution by CO and NO_2 and finally immissions of SO_2 and NO that can be identified below average.

C LITERATURVERZEICHNIS

ALBRECHT, F. (1933):
 Untersuchung der vertikalen Luftzirkulation in der Großstadt.
 Meteorologische Zeitschrift 50, S. 93-98.

ALBRECHT, F. / S. GRUNOW (1935):
 Ein Beitrag zur Frage der vertikalen Luftzirkulation in einer Großstadt.
 Meteorologische Zeitschrift 52, S. 103-108.

BENSCH, W. / G. DUENSING / G. JURKSCH / R. ZÖLLNER (1978):
 Die Windverhältnisse in der Bundesrepublik im Hinblick auf die Nutzung der Windkraft.
 Berichte des Deutschen Wetterdienstes Nr. 147, Offenbach/Main.

BLÜTHGEN, J. / W. WEISCHET (1980):
 Allgemeine Klimageographie.
 Berlin, New York.

BÖER, W. (1954):
 Über den Zusammenhang zwischen Großwetterlagen und extremen Abweichungen der Monatsmitteltemperaturen.
 Zeitschrift für Meteorologie, 8. Jg., S. 11-16.

BÖER, W. (1959):
 Zum Begriff des Lokalklimas.
 Zeitschrift für Meteorologie, 13. Jg., S. 5-11.

BRENNECKE, J. (1988):
 Trend- und Periodenanalysen von Temperaturzeitreihen im Rhein-Neckar-Raum unter besonderer Berücksichtigung der Station Mannheim.
 Mannheimer Geographische Arbeiten 24, S. 119-188.

BRENNECKE, J. / P. FRANKENBERG / R. GÜNTHER (1986):
 Zum Klima des Raumes Eichstätt/Ingolstadt.
 Arbeiten aus dem Fachbereich Geographie der Kath. Universität Eichstätt, Bd. 3.

BRENNECKE, J. / P. FRANKENBERG (1988):
 Historischer Vergleich von Witterungsverläufen in Mannheim.
 Mannheimer Geographische Arbeiten 24, S. 95-118.

BÜRGER, K. (1953):
 Klimatologische Studie über die Temperaturverhältnisse der Großwetterlagen Mitteleuropas am Beispiel von Karlsruhe und Bremen.
 Berichte des Deutschen Wetterdienstes, Bd. 6, Bad Kissingen.

CAPPEL, A. / M. KALB (1976):
 Das Klima von Hamburg.
 Berichte des Deutschen Wetterdienstes Nr. 147, Offenbach/Main.

CHRISTOFFER, J. / M. ULBRICHT-EISSING (1989):
 Die bodennahen Windverhältnisse in der Bundesrepublik Deutschland.
 Berichte des Deutschen Wetterdienstes 147, 2. neubearbeitete Auflage, Offenbach/ Main.

DETERS, H. (1951):
Mikroklimatische Studien um Göttingen und Papenburg.
Göttinger Geographische Abhandlungen, Heft 6.

DEUTSCHER WETTERDIENST (1953):
Klima-Atlas von Baden-Württemberg.
Bad Kissingen.

DEUTSCHER WETTERDIENST (1988-1990):
Monatlicher Witterungsbericht.
Amtsblatt des Deutschen Wetterdienstes, Offenbach/Main.

DEUTSCHER WETTERDIENST (1988-1990):
Die Großwetterlagen Europas.
Amtsblatt des Deutschen Wetterdienstes, Offenbach/Main.

DIEM, M. (1971):
Windrichtung und Temperaturgradient in den untersten Atmosphärenschichten der Rheinebene.
Meteorologische Rundschau 24, S. 11-19.

DURWEN, R. (1978):
Kartierung der relativen Wärmeverhältnisse Münsters mittels phänologischer Spektren.
Diplomarbeit, Universität Münster.

EMONDS, H. (1954):
Das Bonner Stadtklima.
Arbeiten zur Rheinischen Landeskunde, Heft 7, Bonn.

ERIKSEN, W. (1964):
Beiträge zum Stadtklima von Kiel.
Schriften des Geogr. Institutes der Universität Kiel, Band XXII, Heft 1, Kiel.

ERIKSEN, W. (1964):
Das Stadtklima, seine Stellung in der Klimatologie und Beiträge zu einer witterungsklimatologischen Betrachtungsweise.
Erdkunde 18, S. 257-266.

ERIKSEN, W. (1975):
Probleme der Stadt- und Geländeklimatologie.
Darmstadt.

ERIKSEN, W. (1976):
Die städtische Wärmeinsel. Neuere Erkenntnisse zur Gliederung und Bedeutung des innerstädtischen Temperaturfeldes.
Geographische Rundschau, 28. Jg., S. 368-373.

ERIKSEN, W. (1985):
Grundlagen, bioklimatische und planungsrelevante Aspekte des Stadtklimas.
Geographie und Schule, 7. Jg., Heft 36, S. 1-9.

FEZER, F. / R. SEITZ (1977):
Klimatologische Untersuchungen im Rhein-Neckar-Raum. Studien für die Regional- und Siedlungsplanung.
Heidelberg.

FEZER, F. / H. KARRASCH (1985):
   Stadtklima.
   Spektrum der Wissenschaft 8/85, S. 66-81.

FIEDLER, F. (1983):
   Einige Charakteristika der Strömungen im Oberrheingraben.
   Wissenschaftliche Berichte des Meteorologischen Institutes Karlsruhe,
   Nr. 4, S. 113-123.

FLOHN, H. / P. HESS (1949):
   Großwettersingularitäten im jährlichen Witterungsablauf Mitteleuropas.
   Meteorologische Rundschau 2, S. 258.

FLOHN, H. (1954):
   Witterung und Klima in Mitteleuropa.
   Forschungen zur Deutschen Landeskunde, Band 78, 2. Auflage.

FRANKENBERG, P. (1984):
   Zur Sommerwitterung in der Bundesrepublik Deutschland.
   Erdkunde 38, S. 177-178.

FRANKENBERG, P. (1988):
   Zum Klima des kurpfälzischen Oberrheingrabens.
   Mannheimer Geographische Arbeiten 24, S. 9-94.

GEIGER, R. (1961):
   Das Klima der bodennahen Luftschicht.
   4. Auflage, Braunschweig.

GOSSMANN, H. / W. NÜBLER (1977):
   Oberflächentemperatur und Vegeationsverteilung in Freiburg i. Breisgau.
   Bildmessung und Luftbildwesen 45 (4), S. 105-113.

HÄCKEL, M. (1985):
   Meteorologie.
   Stuttgart.

HAMM, J.M. (1969):
   Untersuchungen zum Stadtklima von Stuttgart.
   Tübinger Geographische Studien, Heft 29.

HESS, P. / H. BREZOWSKY (1977):
   Katalog der Großwetterlagen Europas.
   Berichte des Deutschen Wetterdienstes Nr. 113, Offenbach/Main.

HORBERT, M. / A. KIRCHGEORG / A. von STÜLPNAGEL (1986):
   Klimaforschung in Ballungsgebieten.
   Geographische Rundschau 38, Heft 2, S. 71-80

HÖSCHELE, K. / M. KALB (1988):
   Das Klima ausgewählter Orte der Bundesrepublik Deutschland:
   Karlsruhe.
   Berichte des Deutschen Wetterdienstes Nr. 174, Offenbach/Main.

KALB, M. (1962):
   Einige Beiträge zum Stadtklima von Köln.
   Meteorologische Rundschau 15 (4), S. 92-99.

KARSTEN, M. (1986):
Eine Analyse der phänologischen Methode der Stadtklimatologie am Beispiel der Kartierung Mannheims.
Heidelberger Geographische Arbeiten, Heft 84.

KESSLER, A. (1971):
Über den Tagesgang von Oberflächentemperaturen in der Bonner Innenstadt an einem sommerlichen Strahlungstag.
Erdkunde 25, S. 13-20.

KOMMUNALVERBAND RUHRGEBIET (1981):
Klimaanalyse Stadt Essen.
Kommunalverband Ruhrgebiet Abteilung Kartographie, Luftbildwesen und Stadtklimatologie. Verf. Dr. P. Stock, W. Beckröge, Essen.

KRATZER, A. (1966):
Das Stadtklima.
Braunschweig.

KUTTLER, W. (1985):
Stadtklima. Struktur und Möglichkeiten seiner Verbesserung.
Geographische Rundschau 37, Heft 5, S. 226-233.

LANDSBERG, H.E. (1974):
The urban area as target for meteorological research.
Bonner Meteorologische Abhandlungen 17, S. 475-480.

LAUSCHER, F. (1959):
Witterung und Klima von Linz.
Wetter und Leben, Sonderheft VI, Wien.

MALBERG, H. (1985):
Meteorologie und Klimatologie.
Berlin, Hamburg, New York, Tokio.

MÄUSBACHER, R. / R. ZIMMERMANN (1984):
Klimagutachten Mannheim Wallstadt-Nord.
Heidelberg.

PEPPLER, A. (1929):
Das Auto als Hilfsmittel der meteorologischen Forschung.
Das Wetter, Zeitschrift für angewandte Meteorologie 46, S. 305-308.

PEPPLER, A. (1929):
Die Temperaturverhältnisse von Karlsruhe an heißen Sommertagen.
Deutsches Meteorologisches Jahrbuch für Baden 61, S. 59ff

RASCHKE, R. (1979):
Der Strahlungshaushalt über Stadtgebieten.
Promet, Band 9 (1/2), S. 17-22.

SEITZ, R. (1975):
Stadtklima Mannheim-Ludwigshafen. Klimatologie und Raumplanung.
Dissertation Universität Heidelberg.

SEITZ, R. (1977):
Winde und Temperaturen in Mannheim-Ludwigshafen.
Heidelberger Geographische Arbeiten, Heft 47, S. 150-181.

SEITZ, R. (1977):
    Gutachten über die klimatischen Folgeerscheinungen durch das
    potentielle Baugebiet "Die Bell".
    Mannheim.

SEITZ, R. (1977):
    Ergänzungsgutachten zum Gutachten über die klimatischen
    Folgeerscheinungen durch das potentielle Baugebiet "Die Bell".
    Mannheim.

SEITZ, R. (1984):
    Klimaökologische Kurzanalyse im Bereich Mannheim Rheinau-Süd.
    Mannheim.

SEITZ, R. (1986):
    Klimaökologische Untersuchung Mannheim-Südost.
    Mannheim.

SEITZ, R. (1987):
    Klimaökologische Analyse im Bereich der Schuttdeponie Friesenheimer
    Insel und in den Nachbarbereichen unter besonderer Berücksichtigung
    des Strömungsgeschehens.
    Mannheim.

SEITZ, R. (o.J.):
    Beurteilung der klimaökologischen Folgeerscheinungen einer
    Bebauungsänderung im Bereich "Alter Meßplatz".
    Mannheim.

SCHÄFER, P.J. (1982):
    Das Klima ausgewählter Orte der Bundesrepublik Deutschland:
    München.
    Berichte des Deutschen Wetterdienstes Nr. 159, Offenbach/Main.

SCHERHAG, R. / W. LAUER (1982):
    Klimatologie.
    10. Auflage, Braunschweig.

SCHLAAK, P. (1963):
    Die Wirkungen der bebauten und bewaldeten Gebiete auf das Klima des
    Stadtgebietes von Berlin.
    Allgemeine Forstzeitung 29, S. 455
    458.

SCHREIBER, D. (1969):
    Das Klima der Bundesrepublik Deutschland.
    Berichte zur Deutschen Landeskunde, Band 59 (I), S. 25-78.

SCHULZE, P. (1969):
    Die horizontale Temperaturverteilung in Großstädten, insbesondere
    Westberlins in winterlichen Strahlungsnächten.
    Meteorologische Abhandlungen, Band 91 (2).

UHLIG, S. (1954):
    Beispiel einer kleinklimatischen Geländeuntersuchung.
    Zeitschrift für Meteorologie 8, S. 66-75.

WEISCHET, W. (1977):
Einführung in die Allgemeine Klimatologie.
Stuttgart.

ZIMMERMANN, R. (1983):
Klimaschwankungen städtischer Freiräume in Ludwigshafen/Rhein und deren numerischer Zusammenhang mit Flächennutzungsfaktoren.
Dissertation, Universität Heidelberg.

Mannheimer Geographische Arbeiten

Heft 1:	Beiträge zur geographischen Landeskunde. Festgabe für Gudrun Höhl. - 473 S., 44 Abb., 1977	DM 27.-
Heft 2:	Beiträge zur Landeskunde des Rhein-Neckar-Raumes I - 197 S., 36 Tab., 25 Abb., 4 Fotos, 1979	DM 19.50
Heft 3:	INGRID DÖRRER: Morphologische Untersuchungen zum zentralen Limousin (Französisches Zentralmassiv). Ein Beitrag zur Reliefentwicklung einer Rumpfflächenlandschaft durch tertiäre, periglazial-glaziale und rezente Formungsvorgänge. - 342 S., 11 Karten, 50 Textabb., 1980	DM 30.-
Heft 4:	JÜRGEN BÄHR: Santiago de Chile. Eine faktorenanalytische Untersuchung zur inneren Differenzierung einer lateinamerikanischen Millionenstadt. - 100 S., 20 Abb., 1978	DM 12.50
Heft 5:	RAINER JOHA BENDER: Wasgau/Pfalz. Untersuchungen zum wirtschaftlichen und sozialen Wandel eines verkehrsfernen Raumes monoindustrieller Prägung. - 312 S., 32 Abb., 20 Fotos, 1979	DM 29.- (vergriffen)
Heft 6:	CHRISTOPH JENTSCH/RAINER LOOSE: Ländliche Siedlungen in Afghanistan. - 130 S., 2 Abb., 70 Fotos, 2 Farbkarten, 1980	DM 16.50 (vergriffen)
Heft 7:	WOLF GAEBE und KARL-HEINZ HOTTES (Hg.): Methoden und Feldforschung in der Industriegeographie. - 212 S., 53 Abb., 1980	DM 20.-
Heft 8:	KARL F. GLENZ: Binnen-Nachbarhäfen als geographisch-ökonomisches Phänomen. Versuch einer funktionell-genetischen Typisierung am Beispiel von Mannheim und Ludwigshafen sowie Mainz und Wiesbaden. - 205 S., 24 Tab., 21 Abb., 1 Farbkarte, 1981	DM 25.-
Heft 9:	Exkursionen zum 43. Deutschen Geographentag Mannheim 1981. - 236 S., 32 Abb., 1981	DM 20.- (vergriffen)
Heft 10:	INGRID DÖRRER (Hg.): Mannheim und der Rhein-Neckar-Raum. Festschrift zum 43. Deutschen Geographentag Mannheim 1981. - 434 S., 48 Tab., 73 Abb., 11 Karten, 9 Farbkarten, 6 Fotos, 1981	DM 40.- (vergriffen)
Heft 11:	VOLKER KAMINSKE: Der Naherholungsraum im Raum Nordschleswig. Wahrnehmungs- und entscheidungstheoretische Ansätze. - 210 S., 63 Tab., 18 Abb., 1981	DM 26.-
Heft 12:	KURT BECKER-MARX/WOLF GAEBE (Hg.): Beiträge zur Raumplanung. Perspektiven und Instrumente. - 132 S., 1 Farbkarte, 1981	DM 15.-
Heft 13:	WOLF GAEBE: Zur Bedeutung von Agglomerationswirkungen für industrielle Standortentscheidungen. - 132 S., 34 Tab., 16 Abb., 1981	DM 15.-
Heft 14:	INGRID DÖRRER und FRITZ FEZER (Hg.): Umweltprobleme im Rhein-Neckar-Raum. Beiträge zum 43. Deutschen Geographentag Mannheim 1981. - 202 S., 17 Tab., 58 Abb., 6 Fotos, 1983	DM 27.-
Heft 15:	INGO STÖPPLER: Funktionale und soziale Wandlungen im ländlichen Raum Nordhessens. - 194 S., 20 Abb., 1982	DM 25.-
Heft 16:	Carl Ritter. Neuere Forschungen von Ernst Plewe. - 81 S., 4 Abb., 1982	DM 10.-

Heft 17:	RAINER JOHA BENDER (Hg.): Neuere Forschungen zur Sozialgeographie von Irland - New Research on the Social Geography of Ireland. - 292 S., 42 Tab., 50 Abb., 15 Fotos, 1984	DM 29.-
Heft 18:	BRUNO CLOER/ULRIKE KAISER-CLOER: Eisengewinnung und Eisenverarbeitung in der Pfalz im 18. und 19. Jahrhundert. - 542 S., 66 Tab., 28 Abb., 38 Fotos, 1984	DM 32.-
Heft 19:	WOLFGANG MIODEK: Innerstädtische Umzüge und Stadtentwicklung in Mannheim 1977 - 1983. Ein verhaltensbezogener Analyseansatz des Wohnstandortwahlverhaltens mobiler Haushalte. - 244 S., 34 Tab., 27 Abb., 1986	DM 28.-
Heft 20:	EBERHARD HASENFRATZ: Gemeindetypen der Pfalz. Empirischer Versuch auf bevölkerungs- und sozialgeographischer Basis. - 202 S., 36 Tab., 36 Abb., 1986	DM 27.-
Heft 21:	KLAUS KARST: Der Weinbau in Bad Dürkheim/Wstr. Strukturwandel in Vergangenheit und Gegenwart. - 251 S., 47 Tab., 19 Abb., 1986	DM 28.-
Heft 22:	REINER SCHWARZ (Hg.): Informationsverarbeitung in Geographie und Raumplanung. - 166 S., 10 Tab., 25 Abb., 1987	DM 19.-
Heft 23:	GUDRUN HÖHL: Gesamtinhaltsverzeichnis der Verhandlungen des 35.-43. Geographentages 1965 - 1981 und der aus Anlaß der Geographentage erschienenen Festschriften. - 245 S., 3 Tab., 1987	DM 28.-
Heft 24:	PETER FRANKENBERG (Hg.): Zu Klima, Boden und Schutzgebieten im Rhein-Neckar-Raum. Beiträge zur Landeskunde des Rhein-Neckar-Raumes II - 325 S., 47 Tab., 42 Abb., 1988	DM 30.-
Heft 25:	RAINER JOHA BENDER (Hg.): Landeskundlicher Exkursionsführer Pfalz. - 475 S., 105 Abb., 24 Tab., 1989, 2. Aufl. 1990	DM 35.-
Heft 26:	WILFRIED SCHWEINFURTH: Geographie anthropogener Einflüsse. Das Murgsystem im Nordschwarzwald. - 351 S., 10 Abb., 39 Tab., 28 Karten, 1990.	DM 30.-
Heft 27:	JULIA BRENNECKE: Raummuster der bayerischen Viehwirtschaft 1971-1983 und ihrer Bestimmungsgründe. - 456 S., 52 Abb., 42 Tab., 1989	DM 35.-
Heft 28:	SEBASTIAN LENTZ: Agrargeographie der bündnerischen Südtäler Val Müstair und Val Poschiavo. - 296 S., 71 Abb., 2 Beilagekarten, 50 Tab., 1990	DM 30.-
Heft 29:	KARLHEINZ BOISELLE: Fremdenverkehrsentwicklung und sozioökonomischer Wandel an der Riviera di Ponente. - 360 S., 97 Abb., 2 Beilagekarten, 1990	DM 34.-
Heft 30:	PETER FRANKENBERG/MARTIN KAPPAS: Temperatur- und Wetterlagentrends in Westdeutschland. - 185 S., 56 Abb., 2 Tab., 1991	DM 23.-
Heft 31:	RAINER JOHA BENDER: Sozialer Wohnungsbau und Stadtentwicklung in Dublin 1886-1986. - 363 S., 43 Abb., 22 Fotos, 1991	DM 34.-
Heft 32:	PETER FRANKENBERG/MANFRED SPITZ (Hg.): Zu Stadtklima und Lufthygiene in Mannheim. - 120 S., 62 Abb., 9 Tab., 1991	DM 15.-
Heft 33:	HENNY ROSE: Der KÖP-Wert in der ökologisch orientierten Stadtplanung. - 184 S., 20 Abb., 3 Tab., 8 Beilagekarten, 1991	DM 25.-